佛山市建设国家森林城市系列丛书

佛山市古树名木图集

佛山市林业局 组织编写

中国林业出版社

图书在版编目（CIP）数据

佛山市古树名木图集 / 佛山市林业局组织编写 . -- 北京 : 中国林业出版社 , 2018.12

ISBN 978-7-5038-9922-5

Ⅰ . ①佛… Ⅱ . ①佛… Ⅲ . ①树木 – 佛山 – 图集 Ⅳ . ① S717.265.3-64

中国版本图书馆 CIP 数据核字 (2019) 第 007264 号

佛山市古树名木图集　　佛山市林业局　组织编写

出版发行：中国林业出版社
地　　址：北京西城区德胜门内大街刘海胡同 7 号

策划编辑：王　斌
责任编辑：刘开运　张　健　吴文静　李　楠　　装帧设计：百彤文化传播公司

印　　刷：固安县京平诚乾印刷有限公司
开　　本：889 mm × 1194 mm 1/16
印　　张：16
字　　数：350 千字
版　　次：2018 年 12 月第 1 版 第 1 次印刷
定　　价：248.00 元

“佛山市建设国家森林城市系列丛书”编委会

《佛山市古树名木图集》编者名单

主　　编：胡羡聪

副 主 编：柯　欢　何持卓

编　　者（按姓氏笔画排序）：

马少灵　王　宁　王庐峰　王　超　雷志远　古瑞芳

卢　琼　玄祖迎　江员亲　许应超　严　萍　李长洪

李坚林　吴华俊　吴连兴　岑　波　何持卓　陆皓明

陈九枚　陈仲芳　陈李利　周昊平　胡羡聪　柯　欢

黄永源　黄景波　梁悦庭　韩永樟　庾希云　鲁　倩

温爱霞　谭伯东　潘志坚　潘俊杰

组织出版：佛山市林业局

前　言

古人云，“名园易得，古树难求”。古树名木是自然界和前人留下来的宝贵财富，是具有生命的珍贵文物，保存了极为珍贵的物种基因资源，记录了大自然的历史变迁与人文故事，构筑了绝美的生命与生态奇观，具有重要的科学、生态、历史、文化、经济、景观等价值。加强古树名木保护，对于保护自然与社会发展、推进生态文明与美丽中国建设均具有重要的意义。保护好古树名木，就是保护好生态环境与不可替代的物种资源，保护祖先与名人留给我们的精神家园，更是保护百姓“记得住的乡愁”。功在当代，利在千秋。

佛山市一向重视古树名木保护工作。2004年市政府出台了《佛山市古树名木保护管理办法》(佛府办〔2004〕206号)，明确要求各区加强辖区内古树名木保护，对古树名木全部进行登记建档，建立管理信息系统并报市备案。2012年起佛山市更是将古树名木保护情况纳入城市管理考评系统进行日常的巡查考核。自佛山市创建国家森林城市以来，古树名木保护力度得到进一步加强。2013年，佛山市启动了古树名木信息化建设工作，开发了佛山市古树名木管理信息系统，对全市古树名木资源实行计算机信息化管理，同时在网站上建立了古树名木电子地图，向公众展示佛山市古树名木保护情况。2015年，市住房和城乡建设管理局召开了全市古树名木管理工作会议，制定了《佛山市古树名木挂牌工作实施方案》，对全市范围内的古树名木进行了重新挂牌。2016年至2018年，佛山市住房和城乡建设管理局、佛山市林业局组织各区对全市古树名木开展了新一轮普查工作，普查建档古树名木2095株，比原有记录增加130株，并录入广东省古树名木信息系统。

为进一步巩固佛山市森林城市建设成果，加大古树名木宣传保护力度，弘扬森林生态文化与促进乡村振兴，佛山市林业局、佛山市住房和城乡建设管理局于2018年牵头组织编撰《佛山市古树名木图集》这一专著，委托古树名木专家赴全市各区、各镇街对具有代表性的古树名木进行鉴定、拍照、收集资料及挖掘历史人文典故。本专著对我市古树名木总体情况进行了全面介绍，以图文并茂的形式对全市各科、属、种中具有代表性的200余株古树名木进行了逐一介绍（古树名木收录数量约占我市古树名木总数10%），生动如实地展现我市古树名木保护的总体情况，集科学性、艺术性、趣味性、观赏性于一体，具有较高的学术价值，对于开展佛山乃至广东省古树名木的相关科学研究、科普教育、生态旅游、文化宣传都具有重要的参考价值。相信广大读者在翻阅和欣赏本书时会发现，当中许多古树名木不仅具有令人赞叹的古劲沧桑、挺拔多姿的外貌，而且蕴含着许多鲜为人知、妙趣横生的人文历史典故。而且书中包含有水松、格木、见血封喉、红椿等国家保护的珍稀濒危种类与南亚热带的特有种类，必将进一步激发读者保护和珍惜佛山市古树名木的热情。

最后，对于在本书编撰过程中提出宝贵意见的华南农业大学林学与风景园林学院的唐光大副教授致以诚挚的感谢。

编委会

2018年10月23日

目 录

总论

一、佛山市古树名木的资源状况

（一）古树名木的数量与树种结构

截止 2018 年 11 月，佛山市建档的古树名木总株数共计 2095 株，其中古树 2094 株，名木 1 株。按照树木学分类，隶属于 30 科 43 属 51 种，主要以被子植物中 26 科 39 属 38 种植物为主，同时也包括了裸子植物中的银杏科、松科、杉科、罗汉松科等 4 科 4 属 4 种植物，树种构成十分丰富。其中，被子植物中的桑科包含的植物种类最多，达到 9 种，分别为见血封喉、桂木、高山榕、雅榕、斜叶榕、榕树、菩提树、笔管榕、黄葛树，桑科植物的数量占全市古树名木总数的 73.70%；其次为木兰科、桃金娘科和大戟科，每个科有 3 种古树。古树名木中有 23 个种类均只存 1 株个体，说明了佛山市古树名木资源具有不均衡的特点，不少古树资源具有唯一性，这类个体需要加强管养与跟踪。从古树名木的区系特性来看，不少科属具有热带和亚热带的区系特征，与佛山的地理气候环境相一致。古树名木中的荷花玉兰、鹰爪花、山蒲桃、洋蒲桃、苹婆、翻白叶树、金刚纂、凤凰木、木麻黄、人心果、倒吊笔等罕见种类，表明了佛山的古树名木别具一格的鲜明地方特色。鹰爪花、荷花玉兰、洋蒲桃、蜡梅、滇刺枣、金刚纂、凤凰木、木麻黄、人心果等由国外或外省引进的古树名木种类，与佛山是开放较早、具有开创精神的城市，得改革风气之先有关。同时，古树名木中还存在有水松、格木、红椿、见血封喉等国家一、二、三级野生重点保护植物，表明了佛山对森林植被保护良好。佛山市的古树名木中还包含了多种多样的岭南水果，如阳桃、洋蒲桃、苹婆、桂木、龙眼、荔枝、人面子、杧果、人心果等。市树市花——白兰有 6 株古树，反映出其在佛山栽培历史久远，有着较好的群众基础。

株数最多的前 5 个树种依次为：榕树、黄葛树、龙眼、木棉、水翁，分别为 1259 株、266 株、178 株、135 株、40 株，合计为1878株，占全市建档古树名木总数的89.64%。其中，榕树占全市建档古树名木总数的60.10%，占绝对优势（表 1）。古树种类和数量分布特点体现了佛山市古树名木的珍贵稀有性及保护的重要价值，从古树名木的种类看，榕树为优势树种，黄葛树为次优势树种，龙眼、木棉以及地带性阔叶树种——水翁在佛山市建档古树中所占比例也较高，是佛山古树资源的一大特色。

表 1 佛山市古树名木数量与分类统计表

树种	拉丁学名	科名	属名	株数	占比（%）
银杏	*Ginkgo biloba* L.	银杏科	银杏属	1	0.05
马尾松	*Pinus massoniana* Lamb	松科	松属	1	0.05
水松	*Glyptostrobus pensilis* (Staunt.) Koch	杉科	水松属	1	0.05
罗汉松	*Podocarpus macrophyllus* (Thunb.) D. Don	罗汉松科	罗汉松属	2	0.10
白兰	*Michelia alba* DC.	木兰科	含笑属	6	0.29
玉兰	*Magnolia denudata* Desr.	木兰科	木兰属	1	0.05
荷花玉兰	*Magnolia grandiflora* L.	木兰科	木兰属	2	0.10
鹰爪花	*Artabotrys hexapetalus* (L.f.) Bhandari	番荔枝科	鹰爪花属	1	0.05
樟树	*Cinnamomum camphora* (L.) Presl	樟科	樟属	36	1.72

（续）

树种	拉丁学名	科名	属名	株数	占比（%）
潺槁木姜子	*Litsea glutinosa* (Lour.) C.B.Roxb.	樟科	木姜子属	2	0.10
阳桃	*Averrhoa carambola* L.	酢浆草科	阳桃属	3	0.14
山茶	*Camellia japonica* L.	山茶科	山茶属	2	0.10
水翁	*Cleistocalyx operculatus* (Roxb.) Merr. et perry	桃金娘科	水翁属	40	1.91
山蒲桃	*Syzygium levinei* Merr. et Perry	桃金娘科	蒲桃属	1	0.05
洋蒲桃	*Syzygium samarangense* (Blume) Merr. & Perry	桃金娘科	蒲桃科	1	0.05
苹婆	*Sterculia nobilis* Smith	梧桐科	苹婆属	1	0.05
翻白叶树	*Pterospermum heterophyllum* Hance	梧桐科	翅子树属	1	0.05
木棉	*Bombax malabaricum* (DC.) Merr.	木棉科	木棉属	135	6.44
秋枫	*Bischofia javanica* Bl.	大戟科	秋枫属	17	0.81
银柴	*Aporusa dioica* (Roxb.) Muell. Arg.	大戟科	银柴属	1	0.05
金刚纂	*Euphorbia neriifolia* L.	大戟科	大戟属	1	0.05
蜡梅	*Chimonanthus praecox* (Linn.) Link	蜡梅科	蜡梅属	1	0.05
凤凰木	*Delonix regia* (Bojer) Raf.	苏木科	凤凰木属	1	0.05
格木	*Erythrophleum fordii* Oliv.	苏木科	格木属	2	0.10
枫香	*Liquidambar formosana* Hance	金缕梅科	枫香属	1	0.05
木麻黄	*Casuarina equisetifolia* Forst.	木麻黄科	木麻黄属	1	0.05
朴树	*Celtis sinensis* Pers.	榆科	朴属	19	0.91
榔榆	*Ulmus parvifolia* Jacq.	榆科	榆属	2	0.10
见血封喉	*Antiaris toxicaria* Lesch.	桑科	见血封喉属	2	0.1
桂木	*Artocarpus nitidus* subsp. *lingnanensis* (Merr.) Jarr.	桑科	桂木属	3	0.14
高山榕	*Ficus altissima* Bl.	桑科	榕属	1	0.05
雅榕	*Ficus concinna* (Miq.) Miq.	桑科	榕属	1	0.05
斜叶榕	*Ficus gibbosa* Bl.	桑科	榕属	1	0.05
榕树	*Ficus microcarpa* L.f.	桑科	榕属	1259	60.10
菩提树	*Ficus religiosa* L.	桑科	榕属	7	0.33
笔管榕	*Ficus superba* Miq. var. *japonica* Miq.	桑科	榕属	4	0.19
黄葛树	*Ficus virens* Ait. var. *sublanceolata* (Miq.) Corner	桑科	榕属	266	12.7

（续）

树种	拉丁学名	科名	属名	株数	占比（%）
铁冬青	*Ilex rotunda* Thunb.	冬青科	冬青属	1	0.05
滇刺枣	*Ziziphus mauritiana* Lam.	鼠李科	枣属	1	0.05
九里香	*Murraya paniculata* (L.) Jacks.	芸香科	九里香属	3	0.14
米仔兰	*Aglaia odorata* Lour.	楝科	米仔兰属	1	0.05
红椿	*Toona ciliata* Roem.	楝科	香椿属	3	0.14
龙眼	*Dimocarpus longan* Lour.	无患子科	龙眼属	178	8.5
荔枝	*Litchi chinensis* Sonn.	无患子科	荔枝属	20	0.95
人面子	*Dracontomelon duperreanum* Pierre	漆树科	人面子属	7	0.33
杧果	*Mangifera indica* L.	漆树科	杧果属	38	1.81
人心果	*Manilkara zapota* (Linn.) van Royen	山榄科	铁线子属	1	0.05
桂花	*Osmanthus fragrans* (Thunb.) Lour.	木犀科	木犀属	4	0.19
鸡蛋花	*Plumeria rubra* L. 'Acutifolia'	夹竹桃科	鸡蛋花属	4	0.19
倒吊笔	*Wrightia pubescens* R. Br.	夹竹桃科	倒吊笔属	1	0.05
山牡荆	*Vitex quinata* (Lour.) Wall.	马鞭草科	牡荆属	1	0.05

（二）树龄结构

古树名木的数量结构。佛山市建档古树名木共计2095株，一级古树（≥500年）7株，二级古树（300~499年）59株，三级古树（100-299年）2028株，名木1株（表2）。

一级古树位于禅城、南海和顺德区，树龄最大是位于顺德区乐从镇的滇刺枣，为805年；还包括榕树、黄葛树、九里香、杧果等古树种类。

古树名木的数量随着古树年龄的增高而陡然减少，龄级越高，数量越少，树龄结构呈金字塔形，三级古树占绝对优势，均为各区的主要组成部分，呈现显著的古树年轻化特征，反映全市古树名木后续资源丰富。二级古树与一级古树历经沧桑，相对年轻古树更脆弱，对生长环境更敏感，因而需加大力度管理保护。

表2　佛山市古树名木树龄结构一览表

行政名称	总计	古树名木			
		一级	二级	三级	名木
禅城区	342	3	6	332	1
南海区	200	1	23	177	0
顺德区	698	3	8	687	0
高明区	251	0	12	239	0
三水区	603	0	10	593	0
佛山市	2095	7	59	2028	1

（三）古树名木的区域、生长场所

按行政区域分，佛山市共5个区，顺德区、三水区建档古树名木的资源最丰富，分别为698株和603株，占佛山市建档古树名木总株数的62.10%；其次为禅城区，共343株，占佛山市建档古树名木总株数的16.37%；其余各区的古树名木资源分布各有不同（表3）。

在全市建档的2095株古树名木中，按生长场所分，生长在城区的有120株，占全市建档古树名木总数的5.73%；生长在乡村的有1975株，占全市建档古树名木总数的94.27%；具有乡村数量相对较大，城区数量相对较少的特点。位于乡村的不少古树是位于乡道上的行道树、位于后山的风水林、位于河道或堤岸边上，有不少已经形成了古树群。一些历史名园以及城市公园、风景名胜区内的古树名木数量较多且比较集中。例如，禅城区的梁园、中山公园，南海区的西樵山风景名胜区，顺德区的清晖园等都保存有不少的古树名木。一些古树名木位于政府机关内。例如，全市唯一的一株名木——杧果名木位于市迎宾馆内，全市最老的古树——805岁的滇刺枣位于乐从镇国土城建和水利局的大院内，使得它们得到了更好的保护。

表3 佛山市现存古树名木分布情况表

行政名称	总计	生长场所	
		城区	乡村
禅城区	343	63	280
南海区	200	3	197
顺德区	698	48	650
三水区	603	6	597
高明区	251	0	251
佛山市	2095	120	1975
百分比（%）	100	5.73	94.27

佛山市生长于城区与乡村的古树大部分均有砌树池、挂牌、支撑加固、树干涂白等管护措施，但人为干扰较大，无论是分布于城区还是乡村，都需要加强保护管理力度，防止受到不同程度的人为损害。

（四）古树名木的生长环境

在全市建档的2095株古树名木中，按生长环境分，生长环境好的有1419株，占建档古树名木总株数的67.73%；生长环境中等的有548株，占建档古树名木总株数的26.16%；生长环境差的有80株，占建档古树名木总株数的6.11%（表4）。

表4 佛山市古树名木生长环境状况表

行政名称	总计	生长环境		
		好	中	差
禅城区	343	57	206	80
南海区	200	154	32	14
顺德区	698	686	2	10
三水区	603	289	300	14
高明区	251	233	8	10
佛山市	2095	1419	548	128
百分比（%）	100	67.73	26.16	6.11

（五）古树名木的权属

佛山市建档古树名木共计 2095 株，按权属分属于国有的有 56 株，占建档古树名木总株数的 2.67%；属于集体的有 2034 株，占建档古树名木总株数的 97.09%；权属于个人与其他为 0.24%（表 5）。佛山市建档的古树名木大部分属于集体，少数属于国有，古树名木的权属落实对于后面古树名木的管理维护有着重大的作用意义。

表 5 佛山市古树名木权属一览表

行政名称	总计	权属			
		国有	集体	个人	其他
禅城区	343	28	315	0	0
南海区	200	16	184	0	0
顺德区	698	3	693	0	2
三水区	603	2	601	0	0
高明区	251	7	241	3	0
佛山市	2095	56	2034	3	2
百分比（%）	100	2.67	97.09	0.14	0.1

二、古树名木保护管理情况

（一）认真落实古树名木保护行政领导负责制

佛山市全面实行古树名木保护政府行政领导负责制，各级人民政府负责辖区内古树名木保护管理工作。林业、城市绿化行政部分依照规定的职责分工负责行政区内乡村和城市规划区古树名木的保护管理工作，明确规定古树名木所属单位的主体责任。

（二）古树名木保护纳入城市管理考评

2012 年起佛山市将城区内古树名木保护情况纳入城市管理考评，进行日常巡查考核；考核内容包括古树名木的健康状况、立地环境、挂牌、是否有损害树木情况等。2015 年起，城市管理考评范围扩大到全市 32 个镇街，有效促进了各区对古树名木的管理力度。各区逐步落实了古树名木保护年度资金，将古树名木的管理纳入绿化管养范畴，并对辖区内古树名木进行病虫害防治，及时清理病枝枯枝和寄生植物，修补腐烂树洞。

（三）建立了完整的古树名木档案

佛山市早在 1997 年就对古树名木进行普查建档、挂牌保护和拍照建档，后经过两次调查，建立了较为完整的古树名木档案，2016 年第三次进行深入细致的核实与补充，建立了较为全面的古树名木档案资料。

佛山市十分注重古树名木资源的科学管护，在开展资源普查的基础上，2014 年建立了佛山市园林绿化网，开发了古树名木管理信息系统（http://fsyllh.fsjw.gov.cn/yllh/map.html），对全市古树名木资源实行计算机信息化管理。同时在网站上，建立了古树名木电子地图，全市每一株古树、名木均可在电子地图中显示地理位置、定位、图片、管养单位、责任人等树木详细信息，让古树名木管理人员能够及时掌握古树名木的信息和现状，向公众展示佛山市古树名木保护情况，让公众全面了解佛山市古树名木的各种信息。

（四）完善对古树名木的保护措施

2004年，佛山市政府出台了《佛山市古树名木保护管理办法》，规范古树名木管护，明确了古树名木的保护管理实行属地保护管理的原则。每年市住房和城乡建设管理局举办园林绿化相关业务知识培训班，均邀请专家对全市基层园林部门的业务骨干进行培训，进一步提高古树名木的科学管护水平。近年来，各区管理部门对古树名木保护、复壮多次邀请组织专家会诊，切实做好保护工作。

采取“圈地保护”，筑起古树名木保护“防护网”。各区管理部门根据古树名木的生长情况，有针对性划定古树名木保护范围，因地制宜地实行“圈地”保护，设置保护性栅栏、支架支撑、避雷针。重点加强生长在村居民间的古树保护，通过定期和不定期地开展古树名木健康检查，做好填堵树洞、防治病虫害、灌水施肥等管护措施，确保这些“活的历史文化遗产”健康生长。对于存在安全隐患的古树及时进行支撑保护。

（五）积极开展宣传教育活动，提高古树保护意识

长期以来，佛山市各级和各有关部门重视抓好古树名木保护宣传和教育工作，及时通过广播、电视、报刊、网络等各种宣传媒体，向社会各界和群众宣传古树名木保护的重要性，切实增强全民保护意识，使公众自发保护古树名木。近几年来，佛山市大力弘扬森林文化，引导社会各界积极参与生态建设，植绿、护绿、爱绿、兴绿逐步成为良好社会风尚。

银杏

古树编号：未产生，原挂牌号：0

Ginkgo biloba L.

为银杏科银杏属落叶乔木。位于南海区西樵镇西樵社区居委会西樵山碧云村丹桂园旁。估测树龄 100 年，古树等级三级，树高 15 米，胸围 345 厘米，平均冠幅 8 米。

古树相关历史或典故：因气候关系，银杏在珠三角地区极为罕见。此处原有雌雄两株银杏古树，后雄株死亡，独剩雌株，景区又在其旁边种植银杏树若干。该古树生长至今仍枝繁叶茂，夏季硕果累累，冬季则满树金黄灿烂。银杏有活化石的美称。银杏树的果实俗称白果，因此银杏又名白果树。银杏树生长较慢，寿命长。自然条件下从栽种到结银杏果要 20 多年，40 年后才能大量结果，因此又有人把它称作“公孙树”，有“公种而孙得食”的含义，是树中的老寿星。

马尾松

古树编号：44060810821200229，原挂牌号：02019

Pinus massoniana Lamb

为松科松属常绿乔木。位于高明区更合镇白洞村委会上榄村。估测树龄105年，古树等级三级，树高16米，胸围290厘米，平均冠幅13.5米。

古树相关历史或典故：是佛山市唯一入册的马尾松古树，有苍劲挺拔的凌人气势，让人惊叹大自然的鬼斧神工。

水松

古树编号：440606103003000001，原挂牌号：无

Glyptostrobus pensilis (Staunt.) K. Koch

为桃金娘科水翁属常绿乔木。位于顺德区乐从镇平步社区居委乐从镇平步旧小学外，估测树龄105年，古树等级三级，树高5米，胸围250厘米，平均冠幅5米。

古树相关历史或典故：水松是国家Ⅰ级重点保护野生植物。这株水松原来生长在河涌边，现在河涌已变成硬底化的水泥路面。为了更好地保护这全市唯一的一株水松古树，当地政府专门将树下面的水泥地面改成疏水砖树池，并为它打吊针。据住在旁边的村民讲，这株古树在他奶奶小时候在平步小学上学时就存在，推测起来至今已经100多年，而由于它的叶片在傍晚后会自动卷曲合拢，因此村民把它叫做“百合松”，结婚时都要在晚上来采摘它的叶片，寓意“百年好合”。

罗汉松

古树编号：44060401200700152，原挂牌号：9

Podocarpus macrophyllus (Thunb.) D. Don

为罗汉松科罗汉松属常绿乔木。位于禅城区祖庙街道办事处升平社区居委会中山公园兰岛盘景园内，估测树龄 198 年，古树等级为三级，树高 2 米，地围 60 厘米，平均冠幅 2 米。

古树相关历史或典故：全市记录在册的一对百年以上的罗汉松古树盆景存在于中山公园的兰岛盆景园中，受到公园管理方的悉心照顾。旧时中山公园管理方曾将这对罗汉松盆景租给一些公司用于商业开张时的大门观赏，1984 年禅城区旋宫酒店开业时就曾租用其在大门外摆放。据一位园林绿化养护人员介绍，他爷爷当年是中山公园第一批园区造景人员，听爷爷描述当年这两株罗汉松被移植过来时已有近百来岁了，而中山公园始建于民国时期，可估测至今该古树约有 198 年历史。该古树经精心养护与修剪，树冠层层叠叠，枝条虬屈，造型美观，给予游客美的享受。

罗汉松

古树编号：44060401200700153，原挂牌号：10

Podocarpus macrophyllus (Thunb.) D. Don

为罗汉松科罗汉松属常绿乔木。位于禅城区祖庙街道办事处升平社区居委会中山公园兰岛盘景园内，估测树龄198年，古树等级为三级，树高2米，地围60厘米，平均冠幅1.5米。

树木性状描述：经过主干蟠曲，枝条虬屈，造型美观，树叶苍翠，姿态自然。

古树相关历史或典故：与前一株罗汉松古树历史。

白兰

古树编号：44060401203400194，原挂牌号：无

Michelia alba DC.

为木兰科含笑属常绿乔木。位于禅城区祖庙街道办事处兰桂社区居委会岭南新天地简氏别墅内，估测树龄 100 年，古树保护等级为三级，树高 21 米，胸围 242 厘米，平均冠幅 10.5 米。

古树相关历史或典故：简氏别墅是佛山现存规模最大的民初西洋式大型建筑群，是省级文物保护单位。别墅花园内种有白兰、杧果等古树。别墅建于 1894 年（光绪 20 年），几易其手后，于中华民国 14 年，简肇熙与简瑞琼夫妇从陈绵远手中购得（注：简肇熙是南洋兄弟烟草公司创始人之一），命名为简氏别墅。今别墅内尚存门楼、主楼、后楼、西楼和储物楼等建筑以及花园的一部分。

白兰

古树编号：44060401203400193，原挂牌号：无

Michelia alba DC.

为木兰科含笑属常绿乔木。位于禅城区祖庙街道办事处兰桂社区居委会岭南新天地简氏别墅内，估测树龄 100 年，古树保护等级为三级，树高 16 米，胸围 231 厘米，平均冠幅 9.5 米。

古树相关历史或典故：与前一株白兰古树历史相同。

白兰

古树编号：44060401203400195，原挂牌号：无

Michelia alba DC.

为木兰科含笑属常绿乔木。位于禅城区祖庙街道办事处兰桂社区居委会岭南新天地简氏别墅内，估测树龄: 100年，古树保护等级为三级，树高21米，胸围242厘米，平均冠幅10.5米。

古树相关历史或典故：与前一株白兰古树历史相同。

白兰

古树编号：440606005004000000，原挂牌号：1-113

Michelia alba DC.

为木兰科含笑属常绿乔木。位于顺德区大良街道办事处中区社区居委会清晖园。估测树龄135年，古树等级三级，树高15米，胸围340厘米，平均冠幅15米。

古树相关历史或典故：清晖园是清代的广东四大名园之一，园取名"清晖"，取"山水含清晖"之意。它在中国古典园林中占有重要地位，是岭南园林的杰出代表，集明清文化、岭南古园林建筑、江南园林艺术、珠江三角洲水乡特色于一体。在清晖园里现存的古树，据说多由清晖园古时的其中一位主人龙渚惠栽种。全市记录在册最老的白兰古树，此株白兰为清晖园众多古树中的一株，开花时花香四溢，给游客带来身心上的愉悦。

白兰

古树编号：44060600500200036，原挂牌号：1-278

Michelia alba DC.

为木兰科含笑属常绿乔木。位于顺德区大良街道办事处文秀社区居委会大良青少年宫内。估测树龄115年，古树等级三级，树高16米，胸围300厘米，平均冠幅11米。

古树相关历史或典故：白兰是佛山的市树市花。这株白兰古树开花时满树繁花，花香四溢。

白兰

古树编号：44060600500900045，原挂牌号：无

Michelia alba DC.

为木兰科含笑属常绿乔木。位于顺德区大良街道办事处顺峰社区居委会大良旧中医院门诊部（位于附凤街和西后街交界处的院落内）。估测树龄115年，古树等级三级，树高20米，胸围320厘米，平均冠幅21米。

古树相关历史或典故：这是佛山市内冠幅最大的一株白兰古树，枝繁叶茂，树冠广阔，遮盖整个院落，开花时，花香四溢。

玉兰

古树编号：44060600320800008，原挂牌号：503

Magnolia denudata Desr.

为木兰科木兰属落叶小乔木。位于顺德区伦教街道办事处羊额村委会鸣石花园内。估测树龄105年，古树等级三级，树高5米，胸围100厘米，平均冠幅2.5米。

古树相关历史或典故：鸣石花园始建于清光绪年间，距今已有130多年的历史，是清末顺德首富何鸣石的宅邸。玉兰位于花园的八角亭侧，据说是当年何鸣石从荷兰引进的，目前在顺德也仅此一棵。传说八角亭又被称为“思母亭”，此名源于何鸣石先生的一封家书，家书内容是“季夏之月余旅南洋，因困于足疾欲归不得。此返家慈已邈，耿耿于怀，斯亭适时触思”。当年何鸣石长期在外做生意，母亲过世的时候也不能陪在身边，所以特意修建此亭以寄托自己对母亲的哀思。何鸣石家人将这封家书刻在木板上，吊挂在亭中，因而得名。

荷花玉兰

古树编号：440606005004000007，原挂牌号：1-121

Magnolia grandiflora L.

为木兰科木兰属常绿乔木。位于顺德区大良街道办事处中区社区居委会清晖园。估测树龄 175 年，古树等级三级，树高 12 米，胸围 200 厘米，平均冠幅 6.5 米。

古树相关历史或典故：这株荷花玉兰位于清晖园，是全市记录在册最老的荷花玉兰古树。

荷花玉兰

古树编号：44060600320800006，原挂牌号：500

Magnolia grandiflora L.

为木兰科木兰属常绿乔木。位于顺德区伦教街道办事处羊额村委会鸣石花园内。估测树龄105年，古树等级三级，树高10米，胸围180厘米，平均冠幅7米。

古树相关历史或典故：这株荷花玉兰位于何鸣石花园的巴洛克小洋楼前，至今仍能正常开花，花开时花香四溢，可见蜜蜂萦绕。

鹰爪花

古树编号：44060401201300176，原挂牌号：05010277

Artabotrys hexapetalus (L.f.) Bhandari

为番荔枝科鹰爪花属常绿攀援灌木。位于禅城区祖庙街道办事处培德社区居委会梁园石亭，估测树龄101年，古树等级为三级，树高4米，地围75厘米，平均冠幅6米。

古树相关历史或典故：生长地梁园，与清晖园、可园、余荫山房并称为岭南四大名园，是省级重点文物保护单位，是由诗书名家梁蔼如、梁九章及梁九图叔侄4人，于清嘉庆、道光年间（1796－1850）陆续建成，历时40余年。梁园的主题建筑以住宅、祠堂、园林为主体，以奇峰怪石为重要的造景手段。展现了古代佛山文人对林泉之乐的追求，也体现了“广府文化”中对花园式宅第和自然的空间环境的向往，是研究领南文人园林地方特色、构思布局、文化内涵等问题的典型范例。鹰爪花耐阴，花开时香味弥散，令人心旷神怡。这株鹰爪花古树如今仍能正常开花。

樟树

古树编号：44060401200700164，原挂牌号：58

Cinnamomum camphora (L.) Presl

为樟科樟属常绿乔木。位于禅城区祖庙街道办事处升平社区居委会中山公园内。估测树龄 100 年，古树等级三级，树高 13 米，胸围 230 厘米，平均冠幅 15.3 米。

古树相关历史或典故：古树所在地——中山公园，位于市区汾江河畔，始建于 1928 年，是为纪念孙中山先生而建成的纪念性公园。公园拥有禅城区最大规模的古樟树群，有些樟树比中山公园要老，见证着历史的变迁。

樟树

古树编号：44060401200700169，原挂牌号：51

Cinnamomum camphora (L.) Presl

为樟科樟属常绿乔木。位于禅城区祖庙街道办事处升平社区居委会中山公园内。估测树龄 100 年，古树等级三级，树高 14 米，胸围 314 厘米，平均冠幅 14.6 米。

古树相关历史或典故：与前一株樟树古树历史相同。

樟树

古树编号：44060512200600198，原挂牌号：0

Cinnamomum camphora (L.) Presl

为樟科樟属常绿乔木。位于南海区西樵镇西樵社区居委会西樵山植物园翠岩上游道中。估测树龄 380 年，古树等级二级，树高 17.3 米，胸围 370 厘米，平均冠幅 27 米。

古树相关历史或典故：这是佛山市最老的樟树古树，浓荫遍地，气势雄伟。其所在的翠岩游道，位于西樵山中部，是一条上窄下宽的漏斗状的峡谷。清代画家黎简与何丹山曾常住翠岩写诗作画，石壁上原有他们的书画室和书舍，翠岩被尊为岭南画派的发源地。

樟树

古树编号：44060610221500020，原挂牌号：3-251

Cinnamomum camphora (L.) Presl

为樟科樟属常绿乔木。位于顺德区北滘镇桃村村委会桃村横岸东街西 13 号。估测树龄 165 年，古树等级三级，树高 20 米，胸围 350 厘米，平均冠幅 37.5 米。

古树相关历史或典故：桃村开村已有 800 多年，现保存有顺德较大的祠堂古建筑群。曾经的桃村是一个堆积而成的小岛，四面环海。“文革时期”因大炼钢铁，桃村的不少古树都被砍掉当柴烧，唯独樟树、龙眼和桥头的榕树等得以幸存。这株樟树位于河涌边的小桥边，平时小桥的门用锁锁住，使它得到了保护。

樟树

古树编号：44060810821500197，原挂牌号：无

Cinnamomum camphora (L.) Presl

为樟科樟属常绿乔木。位于高明区更合镇巨泉村委会洞心村。估测树龄 105 年，古树等级三级，树高 10 米，胸围 340 厘米，平均冠幅 21 米。

古树相关历史或典故：百年前当地村民栽植的一棵樟树。具体时间却没人说得清楚。樟树四周较为空旷，旁边低矮的房子显得它格外高大。

樟树

古树编号：44060710322300301，原挂牌号：GSS00272

Cinnamomum camphora (L.) Presl

为樟科樟属常绿乔木。位于乐平镇保安村民委员会坾西劬园旁。估测树龄 120 年，古树等级三级，树高 13.2 米，胸围 370 厘米，平均冠幅 19.5 米。

古树相关历史或典故：樟树古树群位于旧维德学校“劬园”旁。该学校于 1923 年由唐澄甫与同村的唐拾义捐办，是当时三水县师资、设备较齐全，规模较大的一间学校，“维德”二字取自村里祖先“唐维德”之名。（注：唐澄甫生于 1886 年，1912 年赴香港从商，先后在参茸行、南北行及出入商行任职，后开设德丰秘鲁庄；唐拾义，号称“三水”药王，是“唐拾义药厂”创始人，曾与他人研制成功我国第一支药物牙膏——“二友牙膏”）。学校旁的古樟树群，是在建校前后栽下的，树下一片阴凉，曾经是孩子们的乐园。此外，还有村民用此树来提制樟脑和樟油。樟树古树群历经了 6 代人，至今依然生长茂盛，护佑着村子。

樟树

古树编号：44060710322300305，原挂牌号：GSS00276

Cinnamomum camphora (L.) Presl

为樟科樟属常绿乔木。位于乐平镇保安村民委员会坾西翃园旁。估测树龄 120 年，古树等级三级，树高 19.4 米，胸围 450 厘米，平均冠幅 24.8 米。

古树相关历史或典故：与前一株樟树古树历史相同。

潺槁木姜子

古树编号：44060610300200018，原挂牌号：2062

Litsea glutinosa (Lour.) C.B.Roxb.

为樟科木姜子属常绿乔木。位于顺德区乐从镇沙滘社区居委会南村公园拱桥北侧。估测树龄105年，古树等级三级，树高13米，胸围173厘米，平均冠幅15米。

古树相关历史或典故：这株古树在修建南村公园时得到了很好的保护，潺槁木姜子树下纳凉休憩的群众很多，其乐融融。而古树所在的沙滘村，开村时间为南宋绍兴二十七年（公元1157年），原名沙溪，到明代陈文亮、陈文凯兄弟两中功名后，认为“溪”字意境小，故改“沙滘”。沙滘的陈氏大宗祠奠基于光绪二十一年（1895），现为广东省级文物保护单位，影视作品《武当》《新方世玉》《自梳女》等都曾在此处取景。

阳桃

古树编号：44060512420200052，原挂牌号：05020075

Averrhoa carambola L.

为酢浆草科杨桃属常绿小乔木。位于南海区狮山镇黄洞村委会黄洞四队村中内街。估测树龄123年，古树等级三级，树高5.7米，胸围198厘米，平均冠幅5.69米。

古树相关历史或典故：黄洞村开村于南宋时期，古时四面环山，曾经是珠江纵队独立第三大队的驻扎地。村里的黄氏宗祠内曾开办夜校，发动群众奋起抗日，并创建了南三边境抗日游击根据地。该树位于一个不起眼的角落，虽然树干中空，但仍然能正常生长，表现出顽强的生命力。

阳桃

古树编号：44060512200600201，原挂牌号：0

Averrhoa carambola Linn.

为酢浆草科阳桃属常绿小乔木。位于南海区西樵镇西樵社区居委会西樵山碧云宾馆路对面。估测树龄 120 年，古树等级三级，树高 11.9 米，胸围 145.8 厘米，平均冠幅 10 米。

古树相关历史或典故：阳桃古树树姿优雅，树荫浓密，夏日硕果累累，引来众多雀鸟在此啄食阳桃果实。

阳桃

古树编号：44060710400200347，原挂牌号：GSS00358

Averrhoa carambola Linn.

为酢浆草科阳桃属常绿小乔木。位于三水区白坭镇富景社区居民委员会沙围村128号前。估测树龄120年，古树等级三级，树高12.6米，胸围200厘米，平均冠幅13.6米。

古树相关历史或典故：该古树为全佛山市最老的阳桃古树。这株阳桃树长在刘大爷家附近，树龄虽老但是枝叶茂盛苍翠，浓阴密闭，古韵悠然，即使炎炎夏日在树下仍有凉风习习、心旷神怡之感。据刘大爷（70多岁）介绍，此树偶有结果、产量高的年份，果实营养价值高，家里人拿来食用，果酸但鲜美。该树是在他奶奶的奶奶那代种下，代代相传，是传家之宝。

山茶花

古树编号：44060401201300177，原挂牌号：05010271

Camellia japonica L.

为山茶科山茶属常绿灌木至小乔木。位于禅城区祖庙街道办事处培德社区居委会梁园内，估测树龄：150 年，古树等级为三级，树高 2.5 米，地围 36 厘米，平均冠幅 1.5 米。

古树相关历史或典故：茶花是中国的十大名花之一，种植于梁园的茶花，既增加了梁园的文化底蕴，又收到了较好的观赏效果。

水翁

古树编号：44060501104100100，原挂牌号：原挂牌号：05020006

Cleistocalyx operculatus (Roxb.) Merr. et perry

为桃金娘科水翁属常绿乔木。位于南海区桂城街道办事处林岳社区居委会西二村观音庙旁。估测树龄 279 年，古树等级三级，树高 12.3 米，胸围 1 620 厘米，平均冠幅 23.9 米。

古树相关历史或典故：这株水翁古树是佛山记录在册最老的水翁古树。在村民心目中，这株水翁古树浑身是宝：茂密的枝叶为村民遮风、挡雨、防晒；果实是村民的免费水果；而最特别的是水翁籽，中医认为可以清热、去湿、消暑，还可入药防治感冒。多年来，这棵水翁树已经成为村民聚集休闲的地方，村集体在树下修建了石凳和石桌，让村民可以在此纳凉聊天。

水翁

古树编号：44060600421300112，原挂牌号：1-170

Cleistocalyx operculatus (Roxb.) Merr. et perry

为桃金娘科水翁属常绿乔木。位于顺德区勒流街道办事处南水村委会南水司马财神庙。估测树龄 135 年，古树等级三级，树高 10 米，胸围 240 厘米，平均冠幅 13.5 米。

古树相关历史或典故：古树在司马财神庙旁侧，该庙始建于光绪戊寅年（1878），供奉乌利将军、司马财神、金华夫人、奎星等众神，这株水翁夏季果实累累、秋冬季节叶色变红，给村落增添了美丽的景色。

水翁

古树编号：44060600421300100，原挂牌号：1-168

Cleistocalyx operculatus (Roxb.) Merr. et perry

为桃金娘科水翁属常绿乔木。位于顺德区勒流街道办事处南水村委会南水七组十九街三巷 1 号旁。估测树龄 125 年，古树等级三级，树高 8 米，胸围 180 厘米，平均冠幅 8 米。

古树相关历史或典故：南水村于宋朝开村，因河水由南流过来而得名。村内水网交错，古树众多。据村里的老人介绍，南水村在古时和杏坛的逢简村一样，都是顺德有名的商埠，而位于河涌旁的大树则为来往的船只提供阴凉庇护。

水翁

古树编号：44060610321300067，原挂牌号：2−055

Cleistocalyx operculatus (Roxb.) Merr. et perry

为桃金娘科水翁属常绿乔木。位于顺德区乐从镇大罗村委会大罗村苏地浮生大街 1 号北侧。估测树龄 115 年，古树等级三级，树高 14 米，胸围 173 厘米，平均冠幅 12.5 米。

古树相关历史或典故：该地两株水翁和两株秋枫古树扎堆生长在一起，俨然形成了一片小树林。

水翁

古树编号：44060610321300066，原挂牌号：2-053

Cleistocalyx operculatus (Roxb.) Merr. et perry

为桃金娘科水翁属常绿乔木。位于顺德区乐从镇大罗村委会大罗村苏地浮生大街1号北侧南。估测树龄105年，古树等级三级，树高6米，胸围188厘米，平均冠幅15米。

古树相关历史或典故：这株水翁古树的形态较为奇特，为了接收更多的阳光，枝干虬曲蜿蜒伸向河涌方向，有时候会有船只停靠在树荫下面乘凉。

水翁

古树编号：44060600421200120

Cleistocalyx operculatus (Roxb.) Merr. et perry

为桃金娘科水翁属常绿乔木。位于顺德区勒流街道办事处江村村委会江村莘村路3号对开涌边。估测树龄105年，古树等级三级，树高8米，胸围300厘米，平均冠幅7米。

古树相关历史或典故：3株水翁古树矗立于河涌边，形成了一处小树林，给村民嬉戏玩耍提供了浓绿的树荫，鸟雀喜栖其上。水翁花还可入药，具有清热解毒的作用，可治感冒头痛。

水翁

古树编号：44060600421200121，原挂牌号：3-047

Cleistocalyx operculatus (Roxb.) Merr. et perry

为桃金娘科水翁属常绿乔木。位于顺德区勒流街道办事处江村村委会江村莘村路3号对开涌边。估测树龄105年，古树等级三级，树高8米，胸围260厘米，平均冠幅5米。

古树相关历史或典故：与前一株水翁古树历史相同。

水翁

古树编号：44060600421200122，原挂牌号：3-048

Cleistocalyx operculatus (Roxb.) Merr. et perry

为桃金娘科水翁属常绿乔木。位于顺德区勒流街道办事处江村村委会江村莘村路 3 号对开涌边。估测树龄 105 年，古树等级三级，树高 8 米，胸围 360 厘米，平均冠幅 17.5 米。

古树相关历史或典故：与前一株水翁古树历史相同。

水翁

古树编号：44060610521200135，原挂牌号：2-166

Cleistocalyx operculatus (Roxb.) Merr. et perry

为桃金娘科水翁属常绿乔木。位于顺德区杏坛镇逢简村委会刘氏大宗祠前。估测树龄105年，古树等级三级，树高11米，胸围270厘米，平均冠幅18.5米。

古树相关历史或典故：这株古水翁所在地——刘氏大宗祠建于明永乐十三年。2008年11月被列为广东省第五批文物保护单位。古树缤纷的红叶为宗祠增添了景色，而夏季硕果累累则招引来鸟雀。

山蒲桃

古树编号：44060810600300185，原挂牌号：无

Syzygium levinei (Merr.) Merr.

为桃金娘科蒲桃属常绿乔木。位于高明区杨和镇河西社区居委会桂村牌坊旁。估测树龄 160 年，古树等级三级，树高 15.5 米，胸围 102.7 厘米，平均冠幅 17 米。

古树相关历史或典故：此树原误认为是土沉香，经鉴定为山蒲桃。古树所在地建成了桂村的乡村小公园，而这株山蒲桃不仅给鸟雀提供栖息之处和果实食用，也为村民提供荫凉。

洋蒲桃

古树编号：44060401201300174

Syzygium samarangense (Blume) Merr. & Perry

为桃金娘科蒲桃属常绿乔木。位于禅城区祖庙街道办事处培德社区居委会梁园石亭内，估测树龄 104 年，古树等级为三级，树高 8 米，胸围 157 厘米，平均冠幅 13.5 米。

古树相关历史或典故：这株洋蒲桃古树位于梁园石亭内，是全市唯一一株洋蒲桃古树。

苹婆

古树编号：44060501103100150，原挂牌号：05020002

Sterculia nobilis Smith

为梧桐科苹婆属，常绿乔木。位于南海区桂城街道办事处平西社区居委会西江村民小组组务市场公开栏对面。估测树龄 146 年，古树等级三级，树高 8.2 米，胸围 278 厘米，平均冠幅 10.3 米。

古树相关历史或典故： 是全市唯一入册的苹婆古树。村民每逢“端午节”就会在这株苹婆树下食龙船饭，平时也经常有村民在这株树下的石凳坐着乘凉。虽然已经一百多年，但苹婆树仍能正常开花结果。

翻白叶树

古树编号：44060610420800114，原挂牌号：00001

Cinnamomum camphora (L.) Presl

为梧桐科翅子树属常绿乔木。位于顺德区沙富村委会新丰巷。估测树龄100年，古树等级三级，树高8米，胸围210厘米，平均冠幅12米。

古树相关历史或典故：该树曾被村民鉴定为金缕梅科的半枫荷，后经鉴定，学名为翻白叶树。村民将此树视为珍宝，用栏杆围住，并撰文记述，树旁砌有石桌和座椅。

木棉

古树编号：44060401020500261，原挂牌号：05010183

Bombax malabaricum (DC.) Merr.

木棉科木棉属落叶乔木。位于禅城区石湾镇街道办事处深村村民委员会大街木棉一巷 1 号。估测树龄 300 年，古树等级二级，树高 14 米，胸围 466 厘米，平均冠幅 20.5 米。

古树相关历史或典故：该古木棉的种植记载已无从追溯。据村中祖辈口口相传，此树约植于康熙末年，距今约 300 年。粤人以木棉为棉絮，做棉衣、棉被、枕垫，唐代诗人李琮有“衣裁木上棉”之句。宋郑熊《番禺杂记》载：“木棉树高二三丈，切类桐木，二三月花既谢，芯为绵。彼人织之为毯，洁白如雪，温暖无比”。因此木棉深受佛山老街坊的喜爱。

木棉

古树编号：44060401021000286，原挂牌号：05010226

Bombax malabaricum (DC.) Merr.

木棉科木棉属落叶乔木。位于禅城区石湾镇街道办事处奇槎村民委员会奇槎文化活动中心。估测树龄300年，古树等级二级，树高17米，胸围520厘米，平均冠幅12.5米。

古树相关历史或典故：据当地的一位古稀老者讲述，这株木棉苍劲挺拔的树干，在他年幼的时候便是如此，如今他已白发苍苍，而此树一如当时，依旧生机盎然。据村中老者口口相传，此树应是清朝康熙年间栽植，至今已逾300年。古树依然如英雄般傲然挺立，最奇特的地方在于它的板状大根，下部形如一个酒壶，造型奇特，已成为村文化活动中心的一道亮丽的风景线。

木棉

古树编号：440604012024000198，原挂牌号：05010264

Bombax malabaricum (DC.) Merr.

木棉科木棉属落叶乔木。位于禅城区祖庙街道办事处圣堂社区居委会圣堂街 1 号东建世纪停车场侧。估测树龄 201 年，古树等级三级，树高 17 米，胸围 500 厘米，平均冠幅 16.75 米。

古树相关历史或典故：此树没有确切的历史记载。访问当地村民，结合胸围生长模型，估测该木棉大约是从清嘉庆年间生长至今，高大的树干与周边低矮的旧民居形成鲜明对比，突显出木棉的沧桑与雄壮。

木棉

古树编号：44060401203900180，原挂牌号：05010278

Bombax malabaricum (DC.) Merr.

木棉科木棉属落叶乔木。位于禅城区祖庙街道办事处莺岗社区居委会卫国路佛山市第三中学大门口。估测树龄100年，古树等级三级，树高16米，胸围263厘米，平均冠幅17.25米。

古树相关历史或典故：百余年来，这株木棉像一面迎风飘扬的旗帜，代表着学校的形象；又像一位士兵，挺立于学校门口，目送一届又一届的学生成才，俨然已成为佛山市第三中学师生心中难忘的记忆。

木棉

古树编号：44060401200700173，原挂牌号：05010279

Bombax malabaricum (DC.) Merr.

木棉科木棉属落叶乔木。位于禅城区祖庙街道办事处升平社区居委会南堤路原华芝堂大药房对面。估测树龄100年，古树等级三级，树高19米，胸围375厘米，平均冠幅21.5米。

古树相关历史或典故：约植于民国初期，位于河堤边，花开时节红棉璀璨，犹如灯塔一般，江面开阔，远远便能看到这株红棉盛开。佛山民间流传着“红棉开，春暖来”的民谚，把木棉花开视为寒暖的分水岭。在禅城区内，木棉也作为高层植物用来打造景观视觉效果。

木棉

古树编号：44060512101600158，原挂牌号：新增无挂牌

Bombax malabaricum (DC.) Merr.

木棉科木棉属落叶乔木。位于南海区九江镇下北社区居委会红棉公园。估测树龄 255 年，古树等级三级，树高 25.2 米，胸围 376 厘米，平均冠幅 24.6 米。

古树相关历史或典故：木棉公园内的 2 株百年木棉是这个社区公园的主景，位于乔木的最上层，它们甚至比周边的房子都高出一截，因此开花季节远远便可以望到，甚是壮观。2 株木棉挨得较近，枝干甚至是交叉生长，从远处看，甚至分不清它们是两株树。树下建有亭子和健身器材，供市民游憩。

木棉

古树编号：44060512101600157，原挂牌号：新增无挂牌

Bombax malabaricum (DC.) Merr.

木棉科木棉属落叶乔木。位于南海区九江镇下北社区居委会红棉公园。估测树龄 255 年，古树等级三级，树高 25.8 米，胸围 367 厘米，平均冠幅 24 米。

古树相关历史或典故：与前一株木棉古树历史相同。

木棉

古树编号：44060501102900151，原挂牌号：05020001

Bombax malabaricum (DC.) Merr.

木棉科木棉属落叶乔木。位于南海区桂城街道办事处平东社区居委会奕东村三山小学学校正门对面。估测树龄173年，古树等级三级，树高27.9米，胸围493厘米，平均冠幅29.85米。

古树相关历史或典故：虽然“木棉烟雨”是“三山八景”之一，但这株木棉古树却历经沧桑，有着不同寻常的故事。三山小学曾有小学生在此株木棉下因用石头扔木棉花致人受伤，校领导打报告至教育局要求将该树砍伐以绝后患，但教育局领导不予批准，木棉幸存下来。香港侨胞邵振鹏也为保护家乡的这株木棉树费心费力（注：其父亲邵汉生，自幼随霍元甲之子霍东阁习武，后来成为技通南北的拳师，与关德兴合作摄制黄飞鸿系列影片70多部，热心家乡公益，回乡捐资助学、重振三山武术）。1983年冬季的一天早上，邵振鹏路过这株木棉古树时拾起掉落的枯枝，发现枯枝已经被虫蛀空，经检查得知树干已被蛀去1/4。当时很多人说这树要老死了，但邵振鹏看着枯枝知道这是白蚁蛀的，于是他向农民请教杀虫方法，经过一年的养护，木棉树逐渐焕发新机。30年过去了，他一如既往地照料木棉树，经常会从香港回家乡，为这株木棉杀虫。并且因为村民会收集掉落的木棉花回家煲汤或药用，所以他都要等木棉花都凋落了才杀虫。

木棉

古树编号：44060610620300008，原挂牌号：9-020

Bombax malabaricum (DC.) Merr.

木棉科木棉属落叶乔木。位于顺德区均安镇星槎村委会星槎市场附近。估测树龄355年，古树等级二级，树高20米，胸围521.24厘米，平均冠幅30米。

古树相关历史或典故：位于星槎村庙旁共有2株木棉古树，这株木棉比另一株要老50年，主干粗壮，树形雄伟，极具沧桑感。据路过的老人描述，从他们出生至今，城市建设更新变迁，这株木棉古树却仿佛定格一般没有丝毫改变。

木棉

古树编号：44060610620300007，原挂牌号：9-021

Bombax malabaricum (DC.) Merr.

木棉科木棉属落叶乔木。位于顺德区均安镇星槎村委会星槎市场附近。估测树龄305年，古树等级二级，树高15米，胸围389.36厘米，平均冠幅10米。

古树相关历史或典故：与前一株木棉古树位于一处。这株木棉古树的顶枝被大风刮断，但仍然顽强地生长，庇佑着村子。

木棉

古树编号：44060610600400000，原挂牌号：9-002

Bombax malabaricum (DC.) Merr.

木棉科木棉属落叶乔木。位于顺德区均安镇天湖社区居委会外村外矶水闸边。估测树龄 355 年，古树等级二级，树高 14 米，胸围 361.1 厘米，平均冠幅 11.5 米。

古树相关历史或典故：古树日复一日守在外村水闸口，迎着堤岸的风，庇护着来往散步、游玩的村民。因四周空旷而显得它格外高大，路人都会下意识瞧它两眼，它就像一位百岁老人，每日坐在村口，守着自己的儿女们归家。

木棉

古树编号：44060610600600056，原挂牌号：9-039

Bombax malabaricum (DC.) Merr.

木棉科木棉属落叶乔木。位于顺德区均安镇三华社区居委会建安路 42 号原三华职业学校内。估测树龄 305 年，古树等级二级，树高 20 米，胸围 910.6 厘米，平均冠幅 26.5 米。

古树相关历史或典故：虽然生长的空间不够宽广，但是其高大雄伟，火红热烈的木棉花密密麻麻地缀满枝丫。据附近居民介绍，这一片地域在几十年前是一条河涌，木棉就生长在河涌旁，随时城市的发展和变化，楼房渐渐崛起包围着古木棉，便变成了如今这种“夹缝生长”的场景。

木棉

古树编号：44060610600600057，原挂牌号：9-040

Bombax malabaricum (DC.) Merr.

木棉科木棉属落叶乔木。位于顺德区均安镇三华社区居委会建安路 42 号原三华职业学校内。估测树龄 305 年，古树等级二级，树高 20 米，胸围 850.94 厘米，平均冠幅 14 米。

古树相关历史或典故：与前一株木棉历史相同。

木棉

古树编号：44060600420300148，原挂牌号：3-186

Bombax malabaricum (DC.) Merr.

木棉科木棉属落叶乔木。位于顺德区勒流街道勒北村委会北星。估测树龄205年，古树等级三级，树高20米，胸围410厘米，平均冠幅22.5米。

古树相关历史或典故：数株木棉古树在顺德勒流街道勒北村北星大道的码头一字排开，由于古树旁侧的西江顺德支流江面较为开阔，春季开花时璀璨的木棉花显得更加夺目，形成了一道迷人的风景线，给从码头过渡的市民予以美的享受。

木棉

古树编号：44060600600800007，原挂牌号：10-093

Bombax malabaricum (DC.) Merr.

木棉科木棉属落叶乔木。位于顺德区容桂街道办事处容新社区居委会容山中学门口西侧。估测树龄 195 年，古树等级三级，树高 17 米，胸围 390 厘米，平均冠幅 16.5 米。

古树相关历史或典故：是位于佛山市顺德区容桂街道的容山书院的 4 株木棉古树之一，种植在校园大门外，苍劲雄伟，高耸入云。“容山书院”建于清代嘉庆十三年 (公元 1808 年)，由容奇武举杨朝日、杨玉中、陈其昌；监生李良弼、李真吾、林士元等 6 人筹建，位于奇山 (大沙浮岗) 下，为广东四大书院之一，现为容山中学校址。“容山书院”的石刻门额，乃清代书法家谢兰生所写，笔力雄浑劲秀。书院历经兴毁，尚存 4 株木棉古树，寿近二百载，枝干苍劲，给校园增添了历史的底蕴。“争俏傲放枝未空，满园尽是木棉红”，这是每位容山中学师生心底最珍贵美好的记忆。春季火红的木棉花，如青春的焰火，照亮了每一位容山中学师生的脸庞。（注：另外第三、第四株因在校园内，不便拍摄，故本书不作介绍。）

木棉

古树编号：44060600600800008，原挂牌号：10–094

Bombax malabaricum (DC.) Merr.

为木棉科木棉属落叶乔木。位于顺德区容桂街道办事处容新社区居委会容山中学门口东侧。估测树龄 195 年，古树等级三级，树高 20 米，胸围 360 厘米，平均冠幅 16.5 米。

古树相关历史或典故：与前一株木棉古树历史相同。

木棉

古树编号：44060610320200020，原挂牌号：4-236

Bombax malabaricum (DC.) Merr.

木棉科木棉属落叶乔木。位于顺德区乐从镇葛岸村委会葛岸南新村社稷神位。估测树龄 135 年，古树等级三级，树高 21 米，胸围 785 厘米，平均冠幅 27 米。

古树相关历史或典故：这株木棉树底下有社稷神位，经常有村民前来烧香祈福。此株木棉位于宽阔的佛山大道旁，春季开花时远远便可看到绯红一片。为保护这株木棉，市政府特意修建了绕道的马路。

木棉

古树编号：44060600421200119，原挂牌号：14-164

Bombax malabaricum (DC.) Merr.

木棉科木棉属落叶乔木。位于顺德区勒流街道办事处江村村委会江村莘村路 3 号对面。估测树龄 135 年，古树等级三级，树高 20 米，胸围 310 厘米，平均冠幅 24 米。

古树相关历史或典故：村民喜欢捡这株木棉的花晒干煲汤或煲凉茶，树下可偶见正在晾晒的木棉花，木棉树旁竖有纪念清光绪十四年（1888）乡试第十名副贡的旗杆夹。

木棉

古树编号：44060610321000000，原挂牌号：4-241

Bombax malabaricum (DC.) Merr.

为木棉科木棉属落叶乔木。位于顺德区乐从镇良村村委会良村乡主庙旁。估测树龄 125 年，古树等级三级，树高 20 米，胸围 530 厘米，平均冠幅 26.5 米。

古树相关历史或典故：南宋末年，山西难民来此地建村，当时有何、马、冼、谭、吴、罗等姓而无梁姓，乡绅认为，无“粮”不成村，于是用“粮”的同音字“良”为村名。而这株木棉古树历经风雨，也与旁边古色古香的乡主庙形成了良村的一道风景线。

木棉

古树编号：44060600420300150，原挂牌号：3-185

Bombax malabaricum (DC.) Merr.

木棉科木棉属落叶乔木。位于顺德区勒流街道勒北樽咀。估测树龄125年，古树等级三级，树高25米，胸围380厘米，平均冠幅20米。

古树相关历史或典故：旁边低矮的房子与高大的木棉古树形成鲜明的对比，更衬托出它的伟岸。春季到来时满树火红，美不胜收。

木棉

古树编号：44060600420300143，原挂牌号：2-103

Bombax malabaricum (DC.) Merr.

木棉科木棉属落叶乔木。位于顺德区勒流街道勒北北七村海边真武庙旁。估测树龄105年，古树等级三级，树高26米，胸围450厘米，平均冠幅42.5米。

古树相关历史或典故：勒流勒北村这株倒挂如花瀑布的木棉，是远近闻名的“网红树”，花开时节每天都会吸引不少摄影师到此“创作”。这株木棉树下有一条石级路，依着长堤斜坡而建，全是由长长的石板砌成。而位于它下面的真武庙，以前颇具规模，但在破“四旧”年代被拆除了，后来人们在旧址重建了寺庙，庙虽小，但精致而有神韵，“真武庙”3个字仍清晰可见。

木棉

古树编号：44060700123700001，原挂牌号：GSS00098

Bombax malabaricum (DC.) Merr.

木棉科木棉属落叶乔木。位于三水区西南街道办事处五顶岗村民委员会龙母古庙管理处后。估测树龄220年，古树等级三级，树高13.5米，胸围330厘米，平均冠幅8米。

古树相关历史或典故：2株木棉古树位于官员村龙母古庙管理处后，村中族人对该树爱护有加，木棉古树历经风霜，至今长势旺盛，是村里的风水树。

木棉

古树编号：44060700123700118，原挂牌号：无

Bombax malabaricum (DC.) Merr.

木棉科木棉属落叶乔木。位于三水区西南街道办事处五顶岗村民委员会龙母古庙管理处后。估测树龄200年，古树等级三级，树高14.5米，胸围400厘米，平均冠幅11米。

古树相关历史或典故：与前一株木棉古树历史相同。

木棉

古树编号：44060710320200341，原挂牌号：GSS00780

Bombax malabaricum (DC.) Merr.

木棉科木棉属落叶乔木。位于三水区乐平镇新旗村民委员会大旗头村拱北门前文塔旁。估测树龄128年，古树等级三级，树高16.7米，胸围392厘米，平均冠幅23.45米。

古树相关历史或典故：该树栽于清光绪十五年，与文塔修建同年栽种。木棉又名红棉、英雄树，高大挺拔，初春严寒季节全树铁枝繁花，殷红如火。文塔与红棉树体现了村落规划建设者对郑氏家族后代能文能武、披荆斩棘、文采出众、读书做官、做国家栋梁、治国平天下的冀望。

木棉

古树编号：44060710322800289，原挂牌号：GSS00223

Bombax malabaricum (DC.) Merr.

木棉科木棉属落叶乔木。位于三水区乐平镇范湖村民委员会红星村卢氏大宗祠道路旁。估测树龄 120 年，古树等级三级，树高 15.2 米，胸围 400 厘米，平均冠幅 14.95 米。

古树相关历史或典故：这株古树从树干基部分出两个主枝，较为少见。木棉在宗祠和池塘边上，四周较为开阔，能春天远远便看到火红的木棉花盛开，格外耀眼。

木棉

古树编号：44060710400200343，原挂牌号：GSS00356

Bombax malabaricum (DC.) Merr.

木棉科木棉属落叶乔木。位于三水区白坭镇富景社区居民委员会沙围村文化大楼前。估测树龄 120 年，古树等级三级，树高 13.6 米，胸围 217 厘米，平均冠幅 12.45 米。

古树相关历史或典故：该树是当地历史的见证，经历过百年的兴衰、人民的悲欢、世事的沧桑。据当地杨爷爷（70 多岁）介绍，他的母亲说，旧时附近村民以该树的果实为棉絮做棉衣、棉被、枕垫等，唐代诗人李琮“衣裁木上棉”的，描述便是如此。他还讲述：该村从远地迁徙过来（据查宣统年间有大迁徙活动，迁入南粤地区），此树随迁而植，生长至今，已逾百年。

秋枫

古树编号：44060512200600195，原挂牌号：无

Bischofia javanica Bl.

为大戟科重阳木属常绿或半常绿乔木。位于南海区西樵镇西樵社区居委会西樵山无叶井小商店前。估测树龄130年，古树等级三级，树高25.2米，胸围307厘米，平均冠幅31.5米。

古树相关历史或典故：古树枝繁叶茂，生机盎然，下方便是西樵山第一名泉——无叶井。井呈方形，深约三尺，泉水从井壁渗出，寒碧异常。井水常满外溢，虽井上浓荫覆盖落叶无数，但井内却不留一叶，故而得名。

秋枫

古树编号：44060600421300105，原挂牌号：1-171

Bischofia javanica Bl.

为大戟科重阳木属常绿或半常绿乔木。位于顺德区勒流街道办事处南水村委会南水七组。估测树龄125年，古树等级三级，树高18米，胸围240厘米，平均冠幅11米。

古树相关历史或典故：南水村于宋朝开村，因河水由南流过来而得名。村内水网交错，古树众多。据村里老人介绍，南水村在古代和杏坛逢简村一样，是顺德著名商埠，而位于河涌两侧的大树则为往来的船只和商贩提供荫凉庇护。

秋枫

古树编号：44060610321300065，原挂牌号：2-054

Bischofia javanica Blume

为大戟科重阳木属常绿或半常绿大乔木。位于顺德区乐从镇大罗村委会大罗村苏地浮生大街1号北侧中。估测树龄115年，古树等级三级，树高10米，胸围157厘米，平均冠幅12米。

古树相关历史或典故：这株秋枫古树因荫蔽导致树势略为衰弱。为增强树势，古树管护单位为它吊液和杀虫，使其恢复长势。

秋枫

古树编号：44060610321300064，原挂牌号：2-052

Bischofia javanica Blume

为大戟科重阳木属常绿或半常绿大乔木。位于顺德区乐从镇大罗村委会大罗苏地东街一巷1号侧。估测树龄115年，古树等级三级，树高15米，胸围235厘米，平均冠幅14米。

古树相关历史或典故：这株秋枫位于巷子中间，对道路通畅性略有阻碍，但村民却未因此而砍掉它，而是珍惜和保护着这株古树。

银柴

古树编号：44060810821000207，原挂牌号：无

Aporosa dioica Muell. Arg.

为大戟科银柴属常绿乔木。位于高明区更合镇布练村委会黄象村71号房屋后面。估测树龄105年，古树等级三级，树高12米，胸围178厘米，平均冠幅14米。

古树相关历史或典故：黄象村，曾名旺象村，村后山坵形如大象，取在此定居百事兴旺之意。该古树因与另一株山牡荆古树挨得较近，原被误认为是同种植物，经鉴定为银柴，是全市唯一记录在册的银柴古树。

金刚纂

古树编号：44060401020900270，原挂牌号：05010155

Euphorbia neriifolia L.

为大戟科大戟属肉质落叶灌木或小乔木。位于禅城区石湾镇街道办事处鄱阳村民委员会鄱阳村中区四巷 2 号。估测树龄 150 年，古树等级三级，树高 6 米，胸围 140 厘米，平均冠幅 8.15 米。

古树相关历史或典故：该树曾被误鉴定为铁海棠，后更正为金刚纂。相传是清同治年间由村中一位老者种植，估测树龄为150年。铁灰色的树皮，坚硬劲枝若斧削成，尖锐的针刺布满了枝干，昂然地挺出一个凛然不可侵犯的景象。

蜡梅

古树编号：44060401201300179，原挂牌号：05010270

Chimonanthus praecox (Linn.) Link.

为蜡梅科蜡梅属落叶灌木。位于禅城区祖庙街道办事处培德社区居委会梁园石亭，估测树龄150年，古树等级为三级，树高7米，地围173厘米，平均冠幅5.5米。

古树相关历史或典故：这株蜡梅于清同治年间植于梁园，蜡梅原产我国中部，能度过佛山梁园年复一年炎热的夏季且正常生长实属不易。而蜡梅在百花凋零的隆冬绽蕾，斗寒傲霜，表现了中华民族在强暴面前永不屈服的性格，给人以精神的启迪，美的享受。

凤凰木

古树编号：44060600421300102，原挂牌号：3-065

Delonix regia (Bojer ex Hook)Raffin.

为大戟科重阳木属常绿或半常绿乔木。位于顺德区勒流街道办事处南水村委会南水一队祠堂大步头。估测树龄105年，古树等级三级，树高9米，胸围310厘米，平均冠幅17.5米。

古树相关历史或典故：南水村于宋朝开村，因河水由南流过来而得名。村内水网交错，古树众多。据村里老人介绍，南水村在古代和杏坛逢简村一样，是顺德著名商埠，而位于河涌两侧的大树则为往来的船只和商贩提供荫凉庇护。

格木

古树编号：44060512422900093，原挂牌号：05020114

Erythrophleum fordii Oliv.

为苏木科格木属常绿乔木。位于狮山镇黎岗村委会官窑黎岗黎南后岗。估测树龄 326 年，古树等级二级，树高 22.6 米，胸围 334 厘米，平均冠幅 15.9 米。

古树相关历史或典故：为国家二级重点保护植物，是南海区唯一记录在册的格木古树。该树原位于黎岗村的村后风水林，后来村民逐步把房屋建到后山的山冈上，但仍保留了这株古树，并为它砌了树池。

格木

古树编号：44060800420900027，原挂牌号：无

Erythrophleum fordii Oliv.

为苏木科格木属常绿乔木。位于高明区荷城街道办事处南洲村委会龙湾村409号。估测树龄105年，古树等级三级，树高12米，胸围188厘米，平均冠幅8米。

古树相关历史或典故：格木为国家二级重点保护植物，是珍贵的用材树种，木材坚硬，极耐腐，为优良的建筑、工艺及家具用材。这株格木是佛山市记录在册的两株格木古树之一。

枫香

古树编号：44060512200600199，原挂牌号：0

Liquidambar formosana Hance

为金缕梅科枫香属落叶乔木。位于西樵镇西樵社区居委会西樵山翠岩牌坊旁。估测树龄 180 年，古树等级三级，树高 21.8 米，胸围 245 厘米，平均冠幅 15 米。

古树相关历史或典故：西樵山的枫香古树是佛山市唯一一株记录在册的枫香古树，所在地——翠岩是西樵山形成后在后期断层作用下山体形成的峡谷之一，呈漏斗状，两面峭崖碧立，林荫覆盖，寒藤摇翠，满谷青葱，风景十分优美。

木麻黄

古树编号：440606004203000139，原挂牌号：无

Casuarina equisetifolia Forst.

木麻黄科木麻黄属常绿乔木。位于顺德区勒流街道勒北北七村善乐坊。估测树龄105年，古树等级三级，树高24米，胸围360厘米，平均冠幅25米。

古树相关历史或典故：木麻黄原产澳大利亚、太平洋诸岛，此株古树属于我国最早引进栽培的木麻黄。

朴树

古树编号：440606005005000042，原挂牌号：1-131

Celtis sinensis Pers.

为榆科朴属落叶乔木。位于顺德区大良街道办事处北区社区居委会锦岩公园内南面山脚。估测树龄165年，古树等级三级，树高15米，胸围200厘米，平均冠幅14.5米。

古树相关历史或典故：锦岩公园因全山皆石、赭红而微呈彩斑、略如织锦而得名。山下的锦岩庙约建于南宋，山顶是清康熙“凤城八景”中的“锦岩夜月”所在地，岗顶建有望月亭。位于南面山脚有2株古朴树，是游客纳凉的好去处。这株朴树古树枝繁叶茂，树干向围墙一侧倾斜。

朴树

古树编号：44060600500500043，原挂牌号：1-132

Celtis sinensis Pers.

为榆科朴属落叶乔木。位于顺德区大良街道办事处北区社区居委会锦岩公园内南面山脚。估测树龄165年，古树等级三级，树高13米，胸围200厘米，平均冠幅12米。

古树相关历史或典故：与前一株朴树古树历史相同。

朴树

古树编号：440606003001000004，原挂牌号：无

Celtis sinensis Pers.

为榆科朴属落叶乔木。位于顺德区伦教街道办事处常教社区居委会北海北河村桥南街 3 号。估测树龄 105 年，古树等级三级，树高 16 米，胸围 350 厘米，平均冠幅 25 米。

古树相关历史或典故：位于小巷中一个不起眼的角落，十分平凡，以至于经过时，如果不是细心观察，也不会认出它是一株百年的古树。

朴树

古树编号：44060800420400047，原挂牌号：无

Celtis sinensis Pers.

为榆科朴属落叶乔木。位于高明区荷城街道办事处仙村村委会张氏祠堂前。估测树龄 150 年，古树等级三级，树高 10 米，胸围 440 厘米，平均冠幅 20 米。

古树相关历史或典故：该古树为种在寺庙前的风水树。古树所在地——仙村坐落于圣塘岗，岗形似仙人仰睡，两旁有小土丘如日月相扶，人们传为神仙降临，故称仙村。圣塘岗上曾建有白马寺。东汉永平十一年，迦叶摩腾和尚由西域用白马驮经至此，初停在鸿胪寺，后在此建“白马寺”(1957 年拆毁)。有联曰：“灵钟响震千门接，宝剑挥腾万户开所”“飞渡三千法界，来朝四百名凤”。现尚存“飞来寺”石碑 1 块，但举人张其典所写“飞来寺”千字碑文石刻已毁。

榔榆

古树编号：44060401200700100，原挂牌号：无

Ulmus parvifolia Jacq.

为榆科榆属落叶乔木。位于禅城区祖庙街道办事处升平社区居委会中山公园群英阁。估测树龄 201 年，古树等级三级，树高 6 米，胸围 132 厘米，平均冠幅 6 米。

古树相关历史或典故：中山公园群英阁旁有 2 株榔榆古树，是在建中山公园的时候移植过来，移植时它已有 100 余年历史，故推测其现有 200 余年树龄。此树造型奇特，主要用于观赏。为防止风雨吹袭，公园还为其制作了牢固的护树架进行支撑与固定。

榔榆

古树编号：44060401200700155，原挂牌号：无

Ulmus parrifolia Jacq.

为榆科榆属落叶乔木。位于禅城区祖庙街道办事处升平社区居委会中山公园群英阁。估测树龄 201 年，古树等级三级，树高 7 米，胸围 189 厘米，平均冠幅 8.5 米。

古树相关历史或典故：与前一株榔榆古树历史相同。

见血封喉

古树编号：44060810820600223，原挂牌号：03021

Antiaris toxicaria Lesch.

为桑科见血封喉属常绿乔木。位于高明区更合镇平塘村委会陇村。估测树龄 340 年，古树等级二级，树高 25 米，胸围 600 厘米，平均冠幅 21 米。

古树相关历史或典故：见血封喉是国家三级保护植物，但它分泌的乳白色汁液含有剧毒，一经接触人畜伤口，即可使中毒者心脏麻痹(心率失常导致)，血管封闭，血液凝固，以至窒息死亡，因此得名。陇村是见血封喉最靠近北回归线的野外分布地。该处本是一个见血封喉的野外古树种群，目前仅保留了 2 棵，也是全市仅有的 2 株记录入册的见血封喉古树。

见血封喉

古树编号：44060810820600224，原挂牌号：03022

Antiaris toxicaria Lesch.

为桑科见血封喉属常绿乔木。位于高明区更合镇平塘村委会陇村。估测树龄105年，古树等级三级，树高25米，胸围410厘米，平均冠幅14米。

古树相关历史或典故：与前一株见血封喉古树历史相同。

桂木

古树编号：44060512200600193，原挂牌号：0

Artocarpus nitidus Tréc. subsp. *lingnanensis* (Merr.) Jarr.

为桑科桂木属常绿乔木。位于南海区西樵镇西樵社区居委会西樵山碧云村丹桂园对面。估测树龄 120 年，古树等级三级，树高 14.3 米，胸围 170 厘米，平均冠幅 12 米。

古树相关历史或典故：是佛山市记录入册的 3 株桂木古树之一。该古树夏秋季节硕果累累，为西樵山的鸟雀和逃逸的猕猴提供了食物。

桂木

古树编号：44060512200600197，原挂牌号：0

Artocarpus nitidus Tréc. subsp. *lingnanensis* (Merr.) Jarr.

为桑科桂木属常绿乔木。位于南海区西樵镇西樵社区居委会西樵山碧云村丹桂园对面。估测树龄 120 年，古树等级三级，树高 11.2 米，胸围 207 厘米，平均冠幅 19 米。

古树相关历史或典故：与前一株桂木古树历史相同。

高山榕

古树编号：44060610200200023，原挂牌号：3-258

Ficus altissima Bl.

为桑科榕属常绿乔木。位于顺德区北滘镇碧江社区居委会碧江村德云街15号。估测树龄115年，古树等级三级，树高15米，胸围900厘米，平均冠幅32.5米。

古树相关历史或典故：该树是佛山市唯一记录在册的高山榕古树，位于中国历史文化名村——碧江村的村公园内。众多气生根下垂至地面成为支撑根，形成独木成林的现象，村民喜欢在该树下纳凉休憩。碧江村是典型的岭南水乡建筑风格，深受岭南文化熏陶，连片的古建筑保存完好。金楼、泥楼、慕堂苏公祠、三兴大宅等古建筑，呈现了古、博、精、真四大亮点。

雅榕

古树编号：440606106004000058，原挂牌号：无

Ficus concinna Miq.

为桑科榕属常绿乔木。位于顺德区均安镇天湖社区居委会天湖鹅洋沙。估测树龄125年，古树等级三级，树高10米，胸围800厘米，平均冠幅5.5米。

古树相关历史或典故：此株古树是全市唯一入册的雅榕，最初被误认为是杂色榕，后经专家鉴定为雅榕。

斜叶榕

古树编号：44060610120800008，原挂牌号：36

Ficus gibbosa Bl.

为桑科榕属常绿乔木。位于顺德区陈村镇石洲村委会格元坊四巷一号旁。估测树龄 105 年，古树等级三级，树高 12 米，胸围 640 厘米，平均冠幅 21 米。

古树相关历史或典故: 是佛山市唯一记录在册的斜叶榕古树。据当地村民介绍，该榕树是他爷爷的爷爷种下的，当时希望家门前有棵大树，回家后可以跟家人在树下享受天伦之乐。

榕树

古树编号：44060401001900289，原挂牌号：05010232

Ficus microcarpa L.f.

为桑科榕属常绿乔木。位于禅城区石湾镇街道办事处忠信社区居委会南风古灶内。估测树龄430年，古树等级二级，树高21米，胸围700厘米，平均冠幅16.5米。

古树相关历史或典故：该古树下竖有《古灶神榕》的文字简介："参天古榕，攀壁而立，盘根错节，奇伟豪雄。数百年来与龙窑相伴，凌寒傲暑，啸雨吟风，上承云天雨露，下迎陶彩窑炬，近瞻画观清丽之姿，远眺可赏碧涛之浪，恒日月而留青史，驭风霜以荫陶人。古灶煌煌，誉传天下，榕风煦煦，永泽陶晖。"

榕树

古树编号：44060401020900273，原挂牌号：05010153

Ficus microcarpa L.f.

为桑科榕属常绿乔木。位于石湾镇街道办事处鄱阳村民委员会鄱阳村北区六巷 18 号。估测树龄 200 年，古树等级三级，树高 14 米，胸围 730 厘米，平均冠幅 22.5 米。

古树相关历史或典故：走访调查当地一位 90 岁的老奶奶，她回忆说，记得她刚嫁过来的那天，就在这个榕树下摆酒席，当时这棵树已经有 100 多年了，冠幅开展如伞，树下摆了好多桌，全部的亲戚都坐在树下，记忆犹新。如今她已白发苍苍，而此榕树却越来越壮大。

榕树

古树编号：44060401020900272，原挂牌号：05010177

Ficus microcarpa L.f.

为桑科榕属常绿乔木。位于禅城区石湾镇街道办事处鄱阳村民委员会鄱阳村北区六巷18号。估测树龄100年，古树等级三级，树高13米，胸围500厘米，平均冠幅16米。

古树相关历史或典故：与前一株榕树古树历史相同。

榕树

古树编号：44060401020200306，原挂牌号：05010181

Ficus microcarpa L.f.

为桑科榕属常绿乔木。位于禅城区石湾镇街道办事处塘头村民委员会新塘街 9 号旁。估测树龄 101 年，古树等级三级，树高 18 米，胸围 490 厘米，平均冠幅 31 米。

古树相关历史或典故：佛山禅城塘头村有口大长塘，塘北有座古炮楼。古炮楼旁侧两株古榕极是荫凉，石凳长阶。塘头人有诗云："老树新枝叙古楼，伤痕铭记旧神州。东风不尽清平调，极目禅城美景收。"这里不仅是塘头老人们谈天说地之处，附近潘村、劳地，沙岗，甚至黎涌的一些老者也喜欢聚集于此大"晒"晚年之乐。于是有人在炮楼门口贴上一串联曰："各处老人集中坐；汇报收入谁个多"。横批："开心快乐。"

榕树

古树编号：44060401020600253，原挂牌号：05010175

Ficus microcarpa L.f.

为桑科榕属常绿乔木。位于禅城区石湾镇街道办事处石头村民委员会西便村东街三巷13号附近。估测树龄105年，古树等级三级，树高16米，胸围790厘米，平均冠幅21米。

古树相关历史或典故：离榕树不远处是被评为“省级文物保护单位”的霍氏宗祠古建筑群，其始建于1525年（明嘉靖四年），经历沧桑，几经修缮，依旧岿然而立。古树的存在为霍氏宗祠古建筑群增添了勃勃生机。相传此树是民国初期由村中一位男子为纪念他儿子出生而种下。他希望此树陪他儿子共成长。现古榕依旧生机勃勃，已过百岁。

榕树

古树编号：44060401200700100，原挂牌号：66

Ficus microcarpa L.f.

为桑科榕属常绿乔木。位于禅城区祖庙街道办事处升平社区居委会中山公园。估测树龄 100 年，古树等级三级，树高 20 米，胸围 480 厘米，平均冠幅 23.05 米。

古树相关历史或典故：位于中山公园的一个小广场边，树冠开阔，给前来游玩的游客提供了浓绿的树荫，平时则可见到红鸟鹎等小鸟在上面栖息。

榕树

古树编号：44060401020900269，原挂牌号：05010179

Ficus microcarpa L.f.

为桑科榕属常绿乔木。位于禅城区石湾镇街道办事处鄱阳村民委员会鄱阳村委会药房旁。估测树龄100年，古树等级三级，树高10米，胸围450厘米，平均冠幅17.65米。

古树相关历史或典故：古榕气势磅礴，瀑布般的气生根吸引眼球，令人不得不叹服大自然的美。据街坊邻居介绍，这株榕树植于民国初期，距今约有百年的历史。

榕树

古树编号：44060512321100032，原挂牌号：05020041

Ficus microcarpa L.f.

为桑科榕属常绿乔木。位于南海区丹灶镇良登村委会良登村。估测树龄620年，古树等级一级，树高24.6米，胸围750厘米，平均冠幅24.5米。

古树相关历史或典故：据村民方富日（孔边村方氏第二十二代传人）口述，北宋（公元960——1127年）孔姓祖先搬迁至此后名孔边村，黎姓祖先后孔姓祖先30年左右搬至此，该古树由黎姓祖先于池塘挖掘完成后栽植，在池塘挖掘的同时，有一块约为6平方米大的大板石被挖出后置于树头附近，在康熙年间被刻上文字。后因一场洪水的侵袭，造成大石板的倒塌，倒塌以后便无人再去翻出。在大板石的底部，还记录了康熙三十三年。综上所述估测该古树树龄达620年，是南海区的“树王”。

榕树

古树编号：44060512501700100，原挂牌号：05020149

Ficus microcarpa L.f.

为桑科榕属常绿乔木。位于南海区大沥镇沥东社区居委会大沥沥东荔庄村北。估测树龄484年，古树等级二级，树高17.3米，胸围542厘米，平均冠幅21.65米。

古树相关历史或典故：该树位于佛山市级文物保护单位——吴氏八世祖祠前，为南海区大沥镇现存最古老的“树王”，并形成独木成林的景象。百多年前，身为大沥人的“中国照相机之父”——清代物理学家邹伯奇曾在此树前拍照，留影至今。树下砌有树池，每天晚饭后，村民喜欢到此散步和纳凉。

榕树

古树编号：44060512601500085，原挂牌号：05020184

Ficus microcarpa L.f.

为桑科榕属常绿乔木。位于南海区里水镇和顺社区居委会石塘桃坑村南社。估测树龄 396 年，古树等级二级，树高 13.2 米，胸围 186.5 厘米，平均冠幅 28.2 米。

古树相关历史或典故：榕树位于程氏大宗祠附近的池塘边上，树下砌有树池和石桌、石椅，平时村民喜欢在树下乘凉聊天。

榕树

古树编号：44060512321100030，原挂牌号：05020046

Ficus microcarpa L.f.

为桑科榕属常绿乔木。位于南海区丹灶镇良登村委会孔边经济村。估测树龄 385 年，古树等级二级，树高 21 米，胸围 664 厘米，平均冠幅 33.05 米。

古树相关历史或典故: 孔边村是南海著名的古村，该村自古人才辈出，在明弘治、正德、嘉靖三代为臣的“方阁老”方献夫便是该村后人。古榕树身虬根盘错，枝叶繁茂，树下摆放有石凳，平时村民喜爱在此纳凉。

榕树

古树编号：44060512321100031，原挂牌号：05020044

Ficus microcarpa L.f.

为桑科榕属常绿乔木。位于南海区丹灶镇良登村委会孔边经济村沙杏坊大街。估测树龄 195 年，古树等级三级，树高 20 米，胸围 652 厘米，平均冠幅 24.85 米。

古树相关历史或典故: 与前一株榕树古树历史相同。

榕树

古树编号：44060512121700168，原挂牌号：05020024

Ficus microcarpa L.f.

为桑科榕属常绿乔木。位于南海区九江镇沙头石江村委会夏江村夏江大街4号前。估测树龄345年，古树等级二级，树高18.4米，胸围810厘米，平均冠幅30.45米。

古树相关历史或典故：古树受到村民的良好保护，树下砌有石池，平时有村民会将用毛笔字写的通知摆放在树下。

榕树

古树编号：44060512621600102，原挂牌号：05020175

Ficus microcarpa L.f.

为桑科榕属常绿乔木。位于里水镇北沙村委会北沙鹤暖岗村东幼儿园（鹤暖维新市场公交站牌旁）。估测树龄 326 年，古树等级二级，树高 12.7 米，胸围 680 厘米，平均冠幅 22.75 米。

古树相关历史或典故：树下竖立有“爱护古树，人人有责”的牌子，并建有石桌和石凳。

榕树

古树编号：44060512300100024，原挂牌号：05020047

Ficus microcarpa L.f.

为桑科榕属常绿乔木。位于丹灶镇丹灶社区居委会丹灶村篮球场边。估测树龄290年，古树等级三级，树高18.3米，胸围895厘米，平均冠幅20.3米。

古树相关历史或典故：该树受到村民的良好保护，专门用柱子对倾斜的树身进行了支撑加固。树丛有众多虬根在树身处盘结交错，历尽沧桑、苍劲巍立、雄伟壮观，所栖鸟雀甚多。古榕下面砌了石桌石凳，并筑有一个精致的土地庙，平时香火甚旺。古榕与村内众多的祠堂私塾相互映衬，彰显了丹灶村的古韵。

榕树

古树编号：44060512300100025，原挂牌号：05020051

Ficus microcarpa L.f.

为桑科榕属常绿乔木。位于丹灶镇丹灶社区居委会丹灶村停车场旁。估测树龄 275 年，古树等级三级，树高 13.3 米，胸围 705 厘米，平均冠幅 28.25 米。

古树相关历史或典故：该树位于村头进村道路内，众多下垂的气生根形成了硕大的支撑根，形成难得一见的独木成林现象。树下砌有树池，树池内以园林手法配置了地被和景石。该树是村民心目中的保护神，平时有众多的村民在树下烧香拜祭或祈福。

榕树

古树编号：44060501103000147，原挂牌号：05020003

Ficus microcarpa L.f.

为桑科榕属常绿乔木。位于南海区桂城街道办事处平南社区居委会平南五斗村水闸门口。估测树龄274年，古树等级三级，树高13.2米，胸围665厘米，平均冠幅25.3米。

古树相关历史或典故：据熟知平南情况的退休教师林锐文回忆，以前平南社区有100多棵古树，现在只剩下五斗村水闸旁的这棵大榕树了。20世纪60年代，全国掀起了大炼钢热潮，平南的100多棵古树都被砍掉当柴火了。“当时，水闸旁的大榕树也差点被砍掉，因为这棵大榕树长在东平河边，河水从上流而来，形成下冲态势，村民都认为五斗村能平安正是有了大榕树的庇护，所以，经全村人联名保护，这棵大榕树才得以保留至今”。

榕树

古树编号：44060512302100020，原挂牌号：05020050

Ficus microcarpa L.f.

为桑科榕属常绿乔木。位于南海区丹灶镇下沙滘社区居委会下沙滘村邵家村九巷。估测树龄253年，古树等级三级，树高17.3米，胸围820厘米，平均冠幅26.35米。

古树相关历史或典故：是村里面的风水树，有不少的村民来到此树下祈福，村民也希望政府能够每年定期喷洒杀虫药物，保护好这株树。

榕树

古树编号：44060512620900092，原挂牌号：05020177

Ficus microcarpa L.f.

为桑科榕属常绿乔木。位于南海区里水镇得胜村委会后院（原里水得胜植才学校内）。估测树龄236年，古树等级三级，树高13.4米，胸围728厘米，平均冠幅32.85米。

古树相关历史或典故：得胜村建村历史悠久，留下的历史陈迹较多，其中较为突出的是村中古树。而在9株上百年古榕中，“万年荫”为其中之一，堪称里古榕寿星。“万年荫”由2棵古榕组成，植于现得胜村委会后院，相传是邓氏先民所种。现东西2株长势旺盛，枝柯交错，浑然一体，覆荫面积逾3亩。聊起古榕的历史，得胜村退休老干部邓德信讲了一个故事：“古榕枝繁叶茂，一直以来都是得胜村民在树下纳凉话家常的好去处。而民国期间，村里的恶势力因为缺钱花，曾打过砍这两棵树卖掉的主意。街坊们敢怒不敢言。事情传到当时村里最富有的人‘津叔’耳中。‘津叔’二话不说便出面花了一大笔钱买下2棵古榕并继续开放供街坊乘凉，‘万年荫’才得以留存至今”。

榕树

古树编号：44060512620900091，原挂牌号：05020174

Ficus microcarpa L.f.

为桑科榕属常绿乔木。位于南海区里水镇得胜村委会后院（原里水得胜植才学校内）。估测树龄 236 年，古树等级三级，树高 12.7 米，胸围 374 厘米，平均冠幅 23.7 米。

古树相关历史或典故：与前一株榕树古树历史相同。

榕树

古树编号：44060512621600101，原挂牌号：05020171

Ficus microcarpa L.f.

为桑科榕属常绿乔木。位于南海区里水镇北沙村委会北沙鹤暖岗村西。估测树龄 230 年，古树等级三级，树高 12.3 米，胸围 520 厘米，平均冠幅 18.85 米。

古树相关历史或典故：树下砌有树池，古树靠近池塘边。平时有村民在树下纳凉和休憩。

榕树

古树编号：44060512622600090，原挂牌号：05020181

Ficus microcarpa L.f.

为桑科榕属常绿乔木。位于南海区里水镇文教村委会金叶村金凡园。估测树龄 197 年，古树等级三级，树高 12.8 米，胸围 563 厘米，平均冠幅 24.85 米。

古树相关历史或典故：为保护古榕生长，树旁的铁皮屋顶被开了一个大洞以让古榕的枝条穿过屋顶，树底周边有几排长长的麻石凳，供村民纳凉和休憩。

榕树

古树编号：44060512420200050，原挂牌号：05020078

Ficus microcarpa L.f.

为桑科榕属常绿乔木。位于南海区狮山镇黄洞村委会黄洞村八队的村祠堂后侧。估测树龄 189 年，古树等级三级，树高 14.2 米，胸围 560 厘米，平均冠幅 25.75 米。

古树相关历史或典故：黄洞村开村于南宋时期，古时四面环山，也曾经是珠江纵队独立第三大队的驻扎地，村里的黄氏宗祠内曾开办夜校，发动群众奋起抗日，并创建了南三边境抗日游击根据地。古榕树基部盘根错节，生长出若干个形状各异的疙瘩状突起，虬根在主干上蜿蜒盘绕。一位老大爷说这株古榕树自他小时候便是这般大小，古榕经过多年生长似乎已拥有“灵性”，故形状奇特。树下砌有树池和长石凳，平时村民常在树下纳凉聊天。

榕树

古树编号：44060512121400156，原挂牌号：05020010

Ficus microcarpa L.f.

为桑科榕属常绿乔木。位于南海区九江镇九江镇烟南村委会烟桥村头何氏六世祖祠旁。估测树龄 139 年，古树等级三级，树高 10.8 米，胸围 510 厘米，平均冠幅 19.85 米。

古树相关历史或典故：烟桥村于明正统十四年(1450年)建村，至今已经有600多年的历史，是广东省历史文化名村，入选了“中国最美村镇”，不仅有保存何氏六世祖祠、旌表节孝牌坊等众多古建筑，还有丰富的历史人文底蕴。这株百年古榕被称为“国事榕”，村民则更喜欢尊称其为“榕祖公”。“一树成林”“树包塔”“连理树”等奇观令人们叹为观止，成就了一幅典型的、独特的岭南水乡风情画。之所以叫“国事榕”，是因为智慧的村民仿效古老的“结绳记事”方法，每当有国家大事发生，村民都把榕树的分枝或气根引种到地上，让其再育出一棵新树来。其中，1945年抗日战争胜利，村民为庆祝这一重大日子，就在母树旁边引种了一枝；1949 年，为庆祝中华人民共和国成立，村民又引种旁边一枝，由于只相隔几年，两株主干现在已结成“连理”；1997 年，香港回归，1999 年澳门回归，2000年（千禧年）又各引种一枝以作纪念；2010 年，烟桥入选“南海十大古村落”，村民又引种一枝；2011 年中国共产党成立九十周年，村民在 7 月 15 日引种了一枝——这样独特的引种方法，也就形成了今天“一树成林”的奇特景观。树下有众多的长石凳和雕塑，平时村民和游客喜爱在此树下纳凉。

榕树

古树编号：44060610620200023，原挂牌号：9-005

Ficus microcarpa L.f.

为桑科榕属常绿乔木。位于顺德区均安镇南浦村委会南浦村口。估测树龄605年，古树等级一级，树高15米，胸围700厘米，平均冠幅13米。

古树相关历史或典故：位于佛山市顺德区均安镇南浦村的这棵古榕树，据说已经有605年了，是开村之初就种下来的，老一辈的人说村有多古，这树龄便有多长。

榕树

古树编号：44060610321700025，原挂牌号：2068

Ficus microcarpa L.f.

为桑科榕属常绿乔木。位于顺德区乐从镇沙边村委会沙边大街14号。估测树龄405年，古树等级二级，树高25米，胸围690.8厘米，平均冠幅31.5米。

古树相关历史或典故：这株榕树是顺德区最老的榕树古树，横跨沙边村和罗沙村两村，绿叶婆娑，虬枝庞杂，树根缠绕布满青砖砌成的小屋，与古砖几乎融为了一体。古榕树巨大的树冠为两个村子开辟了一块清凉之地，时常有村民在此纳凉，到了夏天，甚至还有村民到这里来睡觉。而古榕、腾龙桥、炮楼、腾龙阁也形成了两个村落间的美丽风景。村民介绍，明朝的时候，沙边村人在此修了一座“腾龙桥”，桥建好了之后，为了给后人乘凉，就在桥边栽下这株榕树。由于榕树靠近沙边村民居，粗壮的树枝伸向旁侧的房屋，村民就把树枝锯掉，而靠河涌一侧有更多的生长空间，久而久之，榕树树干就往河涌，越来越偏向罗沙村，最后就形成了横越水腾大涌的奇特模样。修桥之后，来往的人多了，鱼龙混杂，沙边村发生过多起失窃事件，沙边村村民就在桥头修建了一个阀门。不料沙边村村民的这一举动激怒了罗沙村村民，认为这是有意针对他们，甚至有人扬言要砸了这道阀门。为了静观事态发展，沙边村的人又在腾龙桥桥头左侧修建了带炮眼的炮楼，由身带武器的值班人员看守着。而据传有一次，一名沙边村的值班人员不小心走火，打死了罗沙村的村民。罗沙村的人将沙边村告到了衙门。而不久后，沙边村有一对兄弟高中了进士，顺德县衙就顺利处理了此事。如今，为保护好这株古榕，村委会还专门为其进行了支撑加固。

榕树

古树编号：44060600601800020，原挂牌号：10-090

Ficus microcarpa L.f.

为桑科榕属常绿乔木。位于容桂街道办事处容里社区居委会容里树生桥村村口（无叶井）旁。估测树龄 215 年，古树等级三级，树高 13 米，胸围 630 厘米，平均冠幅 16 米。

古树相关历史或典故：是构成容里“树生桥”美景的其中一株榕树，其下有“无叶井”，井水清澈见底，虽在榕荫之下，却不见一叶飘入井里，故而得名，原因是井壁内暗流对流，树叶落下水面随即被冲走，所以看不到飘落的树叶。旁边是水仙宫，香火十分鼎盛。为保护该树，当地政府为它进行了支撑和复壮。

榕树

古树编号：44060610400100069，原挂牌号：2-220

Ficus microcarpa L.f.

为桑科榕属常绿乔木。位于顺德区龙江镇龙江社区居委会攀门坊大街37号对面。估测树龄165年，古树等级三级，树高20米，胸围345厘米，平均冠幅16.5米。

古树相关历史或典故：这株榕树长在一座土地庙旁，枝繁叶茂，其气生根被引至土壤形成支撑根。气生根和主根在小巷中俨然形成了一道门。

榕树

古树编号：44060600421300111，原挂牌号：1-167

Ficus microcarpa L.f.

为桑科榕属常绿乔木。位于顺德区勒流街道办事处南水村委会南水司马财神庙。估测树龄155年，古树等级三级，树高15米，胸围850厘米，平均冠幅32.5米。

古树相关历史或典故：古树长在司马财神庙旁侧，该庙始建于清光绪戊寅年（1878），供奉乌利将军、司马财神、金华夫人、奎星等“众神”，树底下摆放有一个大香炉。

榕树

古树编号：44060600421300106，原挂牌号：1-172

Ficus microcarpa L.f.

为桑科榕属常绿乔木。位于顺德区勒流街道办事处南水村委会南水七组。估测树龄135年，古树等级三级，树高15米，胸围470厘米，平均冠幅10米。

古树相关历史或典故：此树斜跨河涌，却未对河运造成影响，因而得到了保留。

榕树

古树编号：440606103002000017，原挂牌号：2063

Ficus microcarpa L.f.

为桑科榕属常绿乔木。位于顺德区乐从镇沙滘社区居委会南村公园拱桥北侧。估测树龄125年，古树等级三级，树高20米，胸围471厘米，平均冠幅28.5米。

古树相关历史或典故：古树由于位于沙滘村南村公园，因而得到了很好的保护。而古树的壮观与拱桥的小巧玲珑相得益彰。

榕树

古树编号：44060600601800021，原挂牌号：10-089

Ficus microcarpa L.f.

为桑科榕属常绿乔木。位于容桂街道办事处容里社区居委会容里树生桥村村口。估测树龄115年，古树等级三级，树高13米，胸围350厘米，平均冠幅16.5米。

古树相关历史或典故：于佛山市顺德区容桂街道的树生桥是由3株榕树的气根跨容里鹏涌而过形成的一座奇特小桥，因此树生桥又称鹏涌桥。它形成于明代隆庆至万历年间，是远近闻名的一道胜景。整座桥宽2米左右，长则6米有余。传说鹏涌上本来有一座木桥，但屡修屡坏。后来村民灵机一动，将竹竿劈开掏空盛上泥土搭在河涌上，把对岸榕树的气根引过来，然后插入地下。年深日久榕根越长越壮，村人在上面铺上木板将其作桥梁，于是便成了一座独特的树生桥。该古树旁有庙，香火鼎盛。

榕树

古树编号：44060610521500029，原挂牌号：1-325

Ficus microcarpa L.f.

为桑科榕属常绿乔木。位于顺德区杏坛镇南朗村委会南朗木棉坊西街。估测树龄105年，古树等级三级，树高15米，胸围440厘米，平均冠幅16米。

古树相关历史或典故：南朗是典型的岭南水乡，水网密布，小桥流水在众多的古榕树映衬下显得更有味道，形成美丽的乡村画卷。这株古榕树位于道路边，有足够的空间生长，枝繁叶茂，为村民提供荫凉庇护。

榕树

古树编号：44060610521200100，原挂牌号：3-081

Ficus microcarpa L.f.

为桑科榕属常绿乔木。位于顺德区杏坛镇逢简村委会见龙大地坊。估测树龄 105 年，古树等级三级，树高 15 米，胸围 290 厘米，平均冠幅 13 米。

古树相关历史或典故：树下有石凳和石椅，平时有村民和游客在树下纳凉和休憩，其乐融融。逢简水乡百年以上的榕树古树有不少，但似乎这株古榕树人气最旺。

榕树

古树编号：44060610400100077，原挂牌号：2-225

Ficus microcarpa L.f.

为桑科榕属常绿乔木。位于顺德区龙江镇龙江社区居委会龙江沙富村漱玉泉公园内。估测树龄105年，古树等级三级，树高16米，胸围480厘米，平均冠幅22.5米。

古树相关历史或典故：该古树为龙江沙富村漱玉泉公园中4株古树的其中一株。漱玉泉现今位于漱玉泉公园内，有清泉于凤凰山石喷出，下方凿石为坎，水满则溢注于坡，长流不竭，自古以来有“长流水”的美誉。泉水沏茶、酿酒为佳，育豆芽、浸猪头肉、养鲩鱼，食之既爽滑又美味。1125年建为风景区，明万历年由马福安重修，沙富贡生谭启良在外月池照壁题词“澄源漱玉”。清未翰林温肃主持再修，并题“长流永清”四字。此地古榕参天，建筑物雕有各冲花卉鸟凤，清泉经3个长形水池和一个八卦井后由水龙头喷出月池外，风景优雅秀丽。2016年初进行改造，同年9月28日竣工验收。重修后漱玉泉公园成为顺德亮丽的文化名片。

榕树

古树编号：44060610221500014，原挂牌号：3-253

Ficus microcarpa L.f.

为桑科榕属常绿乔木。位于顺德区北滘镇桃村村委会桃村大桥头。估测树龄 105 年，古树等级三级，树高 15 米，胸围 370 厘米，平均冠幅 22 米。

古树相关历史或典故：桃村开村已有 800 多年，现保存有顺德较大的祠堂古建筑群。曾经的桃村是一个堆积而成的小岛，四面环海。20 世纪 50 年代，因大炼钢铁，桃村的不少古树都被砍掉当柴烧，唯独樟树、龙眼和桥头的榕树等得以幸存。该树位于河涌边，其下砌有树池，平时村民喜欢于饭后到此散步。

榕树

古树编号：44060610321100040，原挂牌号：2-050

Ficus microcarpa L.f.

为桑科榕属常绿乔木。位于顺德区乐从镇劳村村委会劳村中学旁。估测树龄 105 年，古树等级三级，树高 22 米，胸围 534 厘米，平均冠幅 25 米。

古树相关历史或典故：该古树是村里面的风水树，同时也给劳村中学提供浓绿的树荫。

榕树

古树编号：44060810720600000，原挂牌号：05004

Ficus microcarpa L.f.

为桑科榕属常绿乔木。位于高明区明城镇光明村委会罗林村。估测树龄420年，古树等级二级，树高12.5米，胸围713厘米，平均冠幅29.5米。

古树相关历史或典故：是罗林村最老的古树，树干基部的板根和树瘤显示出其沧桑的历史，虽然树干部分已经中空，仍然顽强地生长。

榕树

古树编号：44060800420100090，原挂牌号：无

Ficus microcarpa L.f.

为桑科榕属常绿乔木。位于高明区荷城街道办事处上秀丽村委会阮涌村大夫区公祠对面。估测树龄 310 年，古树等级二级，树高 8 米，胸围 266 厘米，平均冠幅 7 米。

古树相关历史或典故: 此株古榕是《缰川区氏族谱》中“阮埇八景”中的“东社榕荫”，村民对其十分珍视，平时喜欢在树下休憩纳凉。阮埇村，三面环水，外连秀丽河、沧江河，村内水涌交织，水塘密布，历来名人辈出。开村太公区朝挹官至刺史，在岭南区氏中也赫赫有名。阮埇区氏先后出过 15 名进士，48 名举人。其中，声名最大的当属明朝名臣区大相和区大伦，区大相曾任万历皇帝的户部尚书。位于高明的省级文化保护单位——灵龟塔就是在明朝万历二十九年（1601 年）区大相、区大伦兄弟衣锦还乡时捐资修建的，区大伦还专门为此撰写碑文《龟峰塔铭》。

榕树

古树编号：44060810720500127，原挂牌号：05040087

Ficus microcarpa L.f.

为桑科榕属常绿乔木。位于高明区明城镇明阳村委会黄泥湾村。估测树龄 260 年，古树等级二级，树高 17.9 米，胸围 570 厘米，平均冠幅 26 米。

古树相关历史或典故：这株古树长在河堤边上，营养充足，长势极好，以至于刚开始认为它年龄达到 500 年以，后经省里面的专家组鉴定，认为其年龄为 260 年。

榕树

古树编号：44060810720500126，注：原挂牌号：05040085

Ficus microcarpa L.f.

为桑科榕属常绿乔木。位于高明区明城镇明阳村委会黄泥湾村。估测树龄 180 年，古树等级二级，树高 12.9 米，胸围 450 厘米，平均冠幅 25 米。

古树相关历史或典故：这株古树在河堤边上，低垂的枝条遮盖住了道路，为往来的行人和车辆提供绿荫。在树下不远处，可以眺望古老的明阳塔。

榕树

古树编号：44060810720600134，原挂牌号：05040086

Ficus microcarpa L.f.

为桑科榕属常绿乔木。位于高明区明城镇光明村委会波泔村。估测树龄 240 年，古树等级三级，树高 18.5 米，胸围 550 厘米，平均冠幅 23 米。

古树相关历史或典故：这株榕树是波泔村最老的古树，村里面在建小广场的时候特意建起了树池保护这株古树，古树后方不远处是村后风水林。

榕树

古树编号：44060810720600132，原挂牌号：05040120

Ficus microcarpa L.f.

为桑科榕属常绿乔木。位于高明区明城镇光明村委会波泔村，估测树龄 102 年，古树等级三级，树高 13.8 米，胸围 358 厘米，平均冠幅 24 米。

古树相关历史或典故：村里老人介绍，此树种植于“五四运动”前后，爱国青年种植树木后投入爱国运动，种植树木以慰家人思念。

榕树

古树编号：440608004205000087，原挂牌号：05040012

Ficus microcarpa L.f.

为桑科榕属常绿乔木。位于高明区荷城街道办事处尼教村委会尼教村下社村后山。估测树龄 160 年，古树等级三级，树高 15 米，胸围 659 厘米，平均冠幅 22 米。

古树相关历史或典故：这株榕树位于尼教村的村后风水林的古树群中，树下有个大墓，树身上搭有木梯子。

榕树

古树编号：44060800420500000，原挂牌号：05040012

Ficus microcarpa L.f.

为桑科榕属常绿乔木。位于高明区荷城街道办事处尼教村委会尼教村下社村后山。估测树龄150年，古树等级三级，树高13米，胸围377厘米，平均冠幅13米。

古树相关历史或典故：尼教村百年以上的古榕树甚多，该树位于尼教村村后风水林的古树群中，树下有山坟。

榕树

古树编号：44060800420400046，原挂牌号：05040014

Ficus microcarpa L.f.

为桑科榕属常绿乔木。位于高明区荷城街道办事处仙村村委会仙村三组2号。估测树龄150年，古树等级三级，树高16米，胸围628厘米，平均冠幅15.5米。

古树相关历史或典故：2株古榕树邻近，位于一座古旧的青砖屋旁，更显出其沧桑的历史。

榕树

古树编号：44060800420400045，原挂牌号：05040013

Ficus microcarpa L.f.

为桑科榕属常绿乔木。位于高明区荷城街道办事处仙村村委会仙村三组2号。估测树龄150年，古树等级三级，树高15米，胸围502厘米，平均冠幅14米。

古树相关历史或典故：与前一株榕树古树历史相同。

榕树

古树编号：44060800421200038，原挂牌号：05040068

Ficus microcarpa L.f.

为桑科榕属常绿乔木。位于高明区荷城街道办事处西安泰和村委良江村。估测树龄 130 年，古树等级三级，树高 14 米，胸围 628 厘米，平均冠幅 27 米。

古树相关历史或典故：位于村口池塘边，被村民称为风水树和守护神。

榕树

古树编号：44060810821700230，原挂牌号：无

Ficus microcarpa L.f.

桑科榕属常绿乔木。位于高明区更合镇良村村委会蛇塘村西园路 43 号。估测树龄 115 年，古树等级三级，树高 22 米，胸围 250 厘米，平均冠幅 28.5 米。

古树相关历史或典故: 紧挨着房屋生长，受到良好的保护。

榕树

古树编号：44060810820100098，原挂牌号：无

Ficus microcarpa L.f.

为桑科榕属常绿乔木。位于高明区更合镇版村村委会长塘村。估测树龄 115 年，古树等级三级，树高 15 米，胸围 143.31 厘米，平均冠幅 23 米。

古树相关历史或典故：被乡民认作是村中风水树。

榕树

古树编号：44060810821700200

Ficus microcarpa L.f.

为桑科榕属常绿乔木。位于高明区更合镇良村村委会良村 137 号房前。估测树龄 110 年，古树等级三级，树高 12 米，胸围 450 厘米，平均冠幅 18 米。

古树相关历史或典故：这株古树曾遭受几次雷击仍屹立不倒，如今依然枝繁叶茂。

榕树

古树编号：44060810820100238，原挂牌号：03008

Ficus microcarpa L.f.

为桑科榕属常绿乔木。位于高明区更合镇版村村委会香边村。估测树龄105年，古树等级三级，树高13米，胸围470厘米，平均冠幅28米。

古树相关历史或典故：是一株生长在屋旁的古树，由于人们的爱护，成长为百年古树。

榕树

古树编号：44060810600300163，原挂牌号：504192

Ficus microcarpa L.f.

为桑科榕属常绿乔木。位于高明区杨和镇河西社区居委会桂村牌坊旁。估测树龄169年，古树等级三级，树高15.8米，胸围369厘米，平均冠幅20米。

古树相关历史或典故：村里老人叙述此树种植于鸦片战争前后，有村民深受鸦片毒害，临终前种植树木进行忏悔。

榕树

古树编号：44060810720500124，原挂牌号：05040116

Ficus microcarpa L.f.

为桑科榕属常绿乔木。位于高明区明城镇明阳村委会海园村。估测树龄 102 年，古树等级三级，树高 16.8 米，胸围 265 厘米，平均冠幅 17.25 米。

古树相关历史或典故：村里老人叙述此树种植于“五四运动”前后，爱国青年种植树木后投入爱国运动，种植树木以慰家人思念。此处榕树共有 2 株生长在一起，其中一株下面有土地庙，香火甚旺。

榕树

古树编号：44060810720100139，原挂牌号：050411

Ficus microcarpa L.f.

为桑科榕属常绿乔木。位于高明区明城镇明东村委龙门村。估测树龄102年，古树等级三级，树高14.9米，胸围382厘米，平均冠幅24.4米。

古树相关历史或典故：古树所在地——龙门村，又称龙门坊，是云水四坊之一。因村建在土名“鲤鱼跳龙门”的土墩上，故名。南宋末年，夏姓从广州市河南迁此。村人夏汉雄是武术教头，在广州创立珠江国术馆，现馆迁至高要白土思福。其子夏国璋继承父业，在香港设馆（夏国璋香港醒狮队）授徒，多次领队回乡表演，醒狮颇有特色。

左侧一株

榕树

古树编号：44060810720100112，原挂牌号：无

Ficus microcarpa L.f.

为桑科榕属常绿乔木。位于高明区明城镇明东村委龙门村。估测树龄 102 年，古树等级三级，树高 12.8 米，胸围 352 厘米，平均冠幅 11.35 米。

古树相关历史或典故：与前一株榕树古树历史相同。

前面一株

榕树

古树编号：44060710421400411，原挂牌号：GSS00302

Ficus microcarpa L.f.

为桑科榕属常绿乔木。位于三水区白坭镇岗头村民委员会新生村甪里村133号前。估测树龄270年，古树等级三级，树高17米，胸围620厘米，平均冠幅27.7米。

古树相关历史或典故：村中族人对该树爱护有加，树历经风霜，至今仍长势旺盛，是人们祈求风调雨顺、家庭平安的祈愿树。在村民看来，榕树具有“独木成林”“母子世代同根”的特性，代表各民族大家庭“同根生”的寓意，也是预示村庄团结共进，携手走向幸福路。据村中李村老人（80多岁）所述，该村从远地迁徙于此。据查乾隆朝代有大迁徙活动，迁入南粤地区，此树随迁而植，生长至今。

榕树

古树编号：440607103223300295，原挂牌号：GSS00278

Ficus microcarpa L.f.

为桑科榕属常绿乔木。位于三水区乐平镇保安村民委员会硕宝钱公祠前。估测树龄220年，古树等级三级，树高17.8米，胸围770厘米，平均冠幅31.25米。

古树相关历史或典故：该树位于保安村硕宝钱功祠前，树冠广阔，夏天树下凉风习习。古树于20世纪60年代时曾被砍去3条大枝条用于炼钢，树势一度衰弱，树叶全部枯黄接近死亡，后又神奇地自愈且生长旺盛，被称作“树坚强”。

榕树

古树编号：44060710322300296，原挂牌号：GSS00269

Ficus microcarpa L.f.

为桑科榕属常绿乔木。位于乐平镇保安村民委员会埇西村横江园 1 号旁。估测树龄 220 年，古树等级三级，树高 14.7 米，胸围 600 厘米，平均冠幅 24.2 米。

古树相关历史或典故：这株榕树形成一片绿色天地，树下有石凳，供村民纳凉。

榕树

古树编号：44060710322300297，注：原挂牌号：GSS00270

Ficus microcarpa L.f.

为桑科榕属常绿乔木。位于乐平镇保安村民委员会坜西村横江园 1 号旁。估测树龄 180 年，古树等级三级，树高 14.9 米，胸围 580 厘米，平均冠幅 24.25 米。

古树相关历史或典故：这株榕树树冠硕大，树干粗壮，枝叶茂盛，与周围低矮的房屋形成鲜明对比。树上有两大树洞，虬枝盘错，甚是壮观。树下有青石凳，供村民纳凉。据村中李姓老人（80 多岁）讲述：此树是祖辈种植下来，历经有 7 代人，至今生长茂盛，“保佑”着村子。

榕树

古树编号：44060710320200340，原挂牌号：GSS00779

Ficus microcarpa L.f.

为桑科榕属常绿乔木。位于三水区乐平镇新旗村民委员会大旗头村拱北门前。估测树龄200年，古树等级三级，树高15米，胸围735厘米，平均冠幅30.15米。

古树相关历史或典故：三水大旗头古村也称郑村，村中居民多姓郑，由清朝广东水师提督郑绍忠初建。村口有古榕树，村里人称此为古榕挂月。大榕树因为浓荫蔽日，是村民休憩最好的场所。

榕树

古树编号：44060710322800290，原挂牌号：GSS00221

Ficus microcarpa L.f.

为桑科榕属常绿乔木。位于三水区乐平镇范湖村民委员会红星村卢氏大宗祠旁。估测树龄 180 年，古树等级三级，树高 14.2 米，胸围 360 厘米，平均冠幅 22.95 米。

榕树

古树编号：44060710421400401，原挂牌号：GSS00337

Ficus microcarpa L.f.

为桑科榕属常绿乔木。位于三水区白坭镇岗头村民委员会中灶村 43 号。估测树龄 170 年，古树等级三级，树高 12.5 米，胸围 900 厘米，平均冠幅 20.6 米。

古树相关历史或典故：古树所在地——中灶村（灶头村、中鳌村）于南宋末年开村。村中名人辈出，村内有佛山市历史建筑——介如书舍，该树位于介如书舍旁，也是村民纳凉聊天的好去处。据村中李姓老人（80 多岁）讲述：此树是祖辈种植下来，历经有 8 代人，至今生长茂盛，“护佑”着村子。

榕树

古树编号：44060710120200214，原挂牌号：GSS00714

Ficus microcarpa L.f.

为桑科榕属常绿乔木。位于大塘镇莘田村民委员会莘田村市头14号。估测树龄140年，古树等级三级，树高10.7米，胸围420厘米，平均冠幅21.95米。

古树相关历史或典故：莘田村因建村于草布滩（莘乃草的长貌）而得名，村内人才辈出，清同治七年（1868年），该村第一位进士李仪清高中进士，宗亲们在祠堂前修筑旗杆石，竖起大旗，光宗耀祖。此后，该村有8位族人考取功名，其中李焕尧考取了殿试二甲，并钦点入翰林院为庶吉士，该村现存10块代表功名的旗杆石。位于市头的古榕树群一路排开，为莘田村考取功名的先人种下，树下建有休闲健身器械和儿童游乐设施，村民在下面纳凉和休闲游憩。

榕树

古树编号：44060710120200215，原挂牌号：GSS00713

Ficus microcarpa L.f.

为桑科榕属常绿乔木。位于大塘镇莘田村民委员会莘田村市头18号。估测树龄140年，古树等级三级，树高10.5米，胸围430厘米，平均冠幅22.3米。

古树相关历史或典故：与前一株榕树古树历史相同。

榕树

古树编号：44060710322800291，原挂牌号：GSS00222

Ficus microcarpa L.f.

为桑科榕属常绿乔木。位于三水区乐平镇范湖村民委员会红星村卢氏大宗祠前道路旁。估测树龄 120 年，古树等级三级，树高 10.2 米，胸围 260 厘米，平均冠幅 11.35 米。

榕树

古树编号：44060710320200342，原挂牌号：GSS00781

Ficus microcarpa L.f.

为桑科榕属常绿乔木。位于三水区乐平镇新旗村民委员会大旗头村拱北门前文塔旁。估测树龄 120 年，古树等级三级，树高 15.5 米，胸围 370 厘米，平均冠幅 24.33 米。

古树相关历史或典故：该树位于乐平镇大旗头村拱北门前文塔旁。原来这个位置种有另一株树，长势旺盛。在文塔修建之后，有一次发大水，古树被大水冲折断，村民感到惶恐不安，马上在原位置补植了一株榕树，至今，这株榕树生长良好，陪伴着文塔。

榕树

古树编号：44060710400200348，原挂牌号：GSS00361

Ficus microcarpa L.f.

为桑科榕属常绿乔木。位于三水区白坭镇富景社区居民委员会西岸村路边。估测树龄 120 年，古树等级三级，树高 14.6 米，胸围 485 厘米，平均冠幅 27.5 米。

古树相关历史或典故：老树很常见，但像白坭镇西岸村如此密集的却不多。在近 1 千米的大道旁，每隔 20 来米就种着一棵树，树龄在百年以上的有 26 棵。古树扎堆，蔚为奇观。据 75 岁的盛伯说，村里人信风水，很少砍树，而榕树又容易生长，数代传承，得此盛况。据村中罗姓老人（80 多岁）讲述：此树是祖辈种植下来，历经有 6 代人，至今生长茂盛，护佑着村子。社区人民政府还在树旁修建了石桌椅供人们聊天休憩。

榕树

古树编号：44060710400200358，原挂牌号：GSS00371

Ficus microcarpa L.f.

为桑科榕属常绿乔木。位于三水区白坭镇富景社区居民委员会西岸村路边。估测树龄110年，古树等级三级，树高13.4米，胸围340厘米，平均冠幅16.5米。

古树相关历史或典故：与前一株榕树古树历史相同。

菩提树

古树编号：44060512200600200，原挂牌号：0

Ficus religiosa L.f.

为桑科榕属落叶乔木。位于南海区西樵镇西樵社区居委会西樵山翠岩景区海楼前。估测树龄280年，古树等级三级，树高27.5米，胸围720厘米，平均冠幅40.5米。

古树相关历史或典故：该古树冠大荫浓，占地接近2亩，十分雄伟壮观。菩提树是榕树的一种，在佛教中被奉为圣树，相传释迦牟尼就是在菩提树下悟道，故名“思维树”。惠能和尚就是以一偈“菩提本无树，明镜亦非台，本来无一物，何处惹尘埃。”而成为禅宗六祖。僧人常采其叶浸泡冲洗留下叶脉，用以绘制佛像，做书签灯帷。

菩提树

古树编号：44060610200100001，原挂牌号：0

Ficus religiosa L.

为桑科榕属落叶乔木。位于顺德区北滘镇北滘社区居委会北滘广场。估测树龄 120 年，古树等级三级，树高 9 米，胸围 580 厘米，平均冠幅 15 米。

古树相关历史或典故：因城市建设而迁移到北滘广场美的林，树干用铁架支撑固定，树下砌有树池，树池内布满鹅卵石。树上有红耳鹎等鸟类栖息。

菩提树

古树编号：44060610200100001，原挂牌号：0

Ficus religiosa L.

为桑科榕属落叶乔木。位于顺德区北滘镇北滘社区居委会北滘广场。估测树龄 120 年，古树等级三级，树高 12 米，胸围 530 厘米，平均冠幅 12 米。

古树相关历史或典故：与前一株菩提树历史相同。

菩提树

古树编号：44060610200100002，原挂牌号：0

Ficus religiosa L.

为桑科榕属落叶乔木。位于顺德区北滘镇北滘社区居委会北滘广场。估测树龄 110 年，古树等级三级，树高 10 米，胸围 500 厘米，平均冠幅 11 米。

古树相关历史或典故：与前一株菩提树古树历史相同。

菩提树

古树编号：44060610200100004，原挂牌号：0

Ficus religiosa L.

为桑科榕属落叶乔木。位于顺德区北滘镇北滘社区居委会北滘广场。估测树龄100年，古树等级三级，树高9米，胸围470厘米，平均冠幅11米。

古树相关历史或典故：与前一株菩提树古树历史相同。

笔管榕

古树编号：44060610521200155，原挂牌号：3-072

Ficus subpisocarpa Gagnep.

为桑科榕属常绿乔木。位于顺德区杏坛镇逢简村委会逢简明远大道北三巷河边。估测树龄105年，古树等级三级，树高7米，胸围250厘米，平均冠幅9.5米。

古树相关历史或典故：是全市唯一的一株笔管榕，也是在逢简水乡河涌边野生的一株极不起眼的古树。笔管榕又称雀榕，果实像无花果一样，扁球形，长在树干至树枝上，几乎密布全树枝丫，引来多种鸟类啄食。

黄葛树

古树编号：440604100020300049，原挂牌号：05010001

Ficus virens Ait. var. *sublanceolata* (Miq.) Corner

为桑科榕属落叶或半落叶乔木。位于禅城区南庄镇紫洞村民委员会紫洞村委会旁。估测树龄501年，古树等级一级，树高16米，胸围1700厘米，平均冠幅21米。

古树相关历史或典故：相传此树约植于明武宗（1505—1521）年间，是南庄镇“最长寿树王”。在珠三角，像这么古老的黄葛树已不易见到。据当地长者说，紫洞村某罗姓村民12岁时为避战乱去了越南，此人现已年逾八旬。七八年前，其子回乡省亲时对亲戚们说，父亲在越南最念念不忘的就是这棵老黄葛树！

黄葛树

古树编号：44060401202400197，原挂牌号：05010280

Ficus virens Ait. var. *sublanceolata* (Miq.) Corner

为桑科榕属落叶或半落叶乔木。位于禅城区祖庙街道办事处圣堂社区居委会圣堂5巷69号。估测树龄100年，古树等级三级，树高15米，胸围680厘米，平均冠幅19.1米。

古树相关历史或典故：没有确切的历史记载。据当地村民介绍情况，结合胸围生长模型，估测该树大约是从民国初期生长至今，约有100年的树龄。树下有古桌和古凳，居民喜欢在此树下聊天纳凉。高大的树体与旁边低矮的旧房形成强烈对比。

黄葛树

古树编号：44060410021400085，原挂牌号：05010063

Ficus virens Ait. var. *sublanceolata* (Miq.) Corner

为桑科榕属落叶乔木。位于禅城区南庄镇梧村村民委员会梧村六三队荣盛里 1 号前。估测树龄 100 年，古树等级三级，树高 11 米，胸围 440 厘米，平均冠幅 11 米。

古树相关历史或典故：南庄镇梧村人才辈出。清同治年间梧村人谭宗浚，殿试中一甲二名进士（榜眼），入京师翰林院为官，其酷爱美食佳肴，将粤菜和京菜相结合，创立的“谭家菜”被列入了国宴名单。村内沿道路古树林立，环境十分优美。

黄葛树

古树编号：44060410021400082，原挂牌号：05010064

Ficus virens Ait. var. *sublanceolata* (Miq.) Corner

为桑科榕属落叶乔木。位于禅城区南庄镇梧村村民委员会梧村六五新一巷1号旁。估测树龄100年，古树等级三级，树高12米，胸围500厘米，平均冠幅15米。

古树相关历史或典故：与上一株黄葛树历史相同。

黄葛树

古树编号：44060600421300103，原挂牌号：1-175

Ficus virens Ait. var. *sublanceolata* (Miq.) Corner

为桑科榕属落叶或半落叶乔木。位于顺德区勒流街道办事处南水村委会南水八组观音庙旁。估测树龄135年，古树等级三级，树高16米，胸围750厘米，平均冠幅9米。

古树相关历史或典故：平时有较多鸟雀在该树栖息，树干上的寄生的榕树便是这些鸟雀的粪便传播种子后生长。据村里面的老人介绍，这株树是村里面最老的黄葛树，是当年受风水先生指点专门种在此处，起到改变水流方向和聚敛财气的作用。树下有座观音庙，平时香火很旺。

黄葛树

古树编号：44060600421300104，原挂牌号：1-169

Ficus virens Ait. var. *sublanceolata* (Miq.) Corner

为桑科榕属落叶或半落叶乔木。位于顺德区勒流街道办事处南水村委会南水七组。估测树龄115年，古树等级三级，树高18米，胸围630厘米，平均冠幅17.5米。

黄葛树

古树编号：44060610521500031，原挂牌号：1-325

Ficus virens Ait. var. *sublanceolata* (Miq.) Corner

为桑科榕属落叶或半落叶乔木。位于顺德区杏坛镇南朗村委会大夫里后街。估测树龄 105 年，古树等级三级，树高 16 米，胸围 460 厘米，平均冠幅 19 米。

古树相关历史或典故：南朗是典型的岭南水乡，水网密布，小桥流水在众多的古榕树映衬下显得更有味道，形成美丽的乡村画卷。这株黄葛树位于一个不起眼的角落，见证着乡村的变迁。

黄葛树

古树编号：44060610200200022，原挂牌号：3-259

Ficus virens var. *sublanceolata* (Miq.) Corner.

为桑科榕属落叶或半落叶乔木。位于顺德区北滘镇碧江社区居委会碧江村德云街19号。估测树龄105年，古树等级三级，树高10米，胸围500厘米，平均冠幅12.5米。

古树相关历史或典故：该树位于中国历史文化名村——碧江村村道中央，村民喜欢在该树下摆卖水果和停放车辆。碧江金楼，因精美绝伦的贴金木雕而得名，更是众多游客前来旅游不能错过的景点。

黄葛树

古树编号：44060700123400048，原挂牌号：GSS00036

Ficus virens Ait. var. *sublanceolata* (Miq.) Corner

为桑科榕属落叶或半落叶乔木。位于三水区西南街道办事处鲁村村民委员会相如何公祠前。估测树 370 年，古树等级二级，树高 18.5 米，胸围 670 厘米，平均冠幅 22.55 米。

古树相关历史或典故：鲁村村民委员会百年以上的古树众多，而该树是树龄最大的一株。位于进村的路口，是当地历史的见证。

黄葛树

古树编号：44060700120600034，原挂牌号：GSS00063

Ficus virens Ait. var. *sublanceolata* (Miq.) Corner

为桑科榕属落叶或半落叶乔木。位于三水区西南街道办事处邓岗村民委员会何氏公祠前旁。估测树龄320年，古树等级二级，树高10.5米，胸围540厘米，平均冠幅19.9米。

古树相关历史或典故：该树位于何氏公祠前旁，何氏公祠是邓岗村乡亲为纪念族人赵氏先贤——明代大儒赵思仁而捐建，彰显“崇祀忠孝”的传统。这棵黄葛树树干粗壮，枝叶茂盛，夏季时绿荫满地，是周边居民纳凉娱乐的最佳选择，村民们在闲暇时喜欢在树下聊天散步。

黄葛树

古树编号：440607001206000029，原挂牌号：GSS00070

Ficus virens Ait. var. *sublanceolata* (Miq.) Corner

为桑科榕属落叶或半落叶乔木。位于三水区西南街道办事处邓岗村民委员会黎北村二十巷2号黎氏宗祠前。估测树龄320年，古树等级二级，树高13.5米，胸围760厘米，平均冠幅24.4米。

古树相关历史或典故：这棵黄葛树古树已与一株榕树合生成一株树，树干粗壮，枝叶茂盛，是村民纳凉聊天的好去处。在村民看来，黄葛树富有灵气，能造福世人，有喜庆辟邪的意义。

黄葛树

古树编号：44060710322000313，原挂牌号：GSS00240

Ficus virens Ait. var. *sublanceolata* (Miq.) Corner

为桑科榕属落叶或半落叶乔木。位于三水区乐平镇念德村民委员会陆坑北甲榕树3号旁。估测树龄220年，古树等级三级，树高18.3米，胸围480厘米，平均冠幅23.1米。

古树相关历史或典故：陆坑北甲榕树3号旁共有2株参天的黄葛树古树，此是其一。遮天蔽日，大家都喜欢在下面乘凉聊天。

黄葛树

古树编号：44060710421400399，原挂牌号：GSS00336

Ficus virens Ait. var. *sublanceolata* (Miq.) Corner

为桑科榕属落叶或半落叶乔木。位于三水区白坭镇岗头村民委员会中灶村邓氏宗祠前。估测树龄150年，古树等级三级，树高17米，胸围480厘米，平均冠幅24.15米。

古树相关历史或典故：古树所在地——中灶村（灶头村、中鳌村）于南宋末年开村。村中名人辈出，村内有佛山市历史建筑——介如书舍。这棵黄葛树位于介如书舍旁，树下有坐凳，一旁还有运动健身设施，是周边居民纳凉娱乐的最佳选择，为人们带来一片阴凉。

黄葛树

古树编号：44060710421400406，原挂牌号：GSS00344

Ficus virens Ait. var. *sublanceolata* (Miq.) Corner

为桑科榕属落叶或半落叶乔木。位于三水区白坭镇岗头村民委员会文山村篮球场旁。估测树龄 100 年，古树等级三级，树高 13.5 米，胸围 550 厘米，平均冠幅 22.1 米。

古树相关历史或典故：古树所在地——文山村于宋朝开村，历史上人才辈出。文山村人周文纲，南宋咸淳四年（1268 年）进士，曾任宣议大夫，大理寺正卿（正三品）；文山村邓安义，宋朝曾任端州知州。据村中李姓老人（80 多岁）讲述：此树是祖辈种植下来，历经有 5 代人，至今生长茂盛，护佑着村子。

铁冬青

古树编号：44060810821700220，原挂牌号：无

Ilex rotunda Thunb.

为冬青科冬青属常绿乔木。位于高明区更合镇良村村委会良村西昌路120号1座旁。估测树龄105年，古树等级三级，树高16米，胸围220厘米，平均冠幅15米。

古树相关历史或典故：该树为农田边成长的一棵古树，也是佛山全市唯一记录在册的一株铁冬青古树。

滇刺枣

古树编号：44060610320500014，原挂牌号：05032013

Ziziphus mauritiana Lam.

为鼠李科枣属常绿灌木至小乔木。位于顺德区乐从镇小布村委会乐从镇国土城建和水利局里面。估测树龄805年，古树等级一级，树高5米，胸围94.2厘米，平均冠幅11米。

古树相关历史或典故：这株滇刺枣是全市记录在册的最老的古树，堪称“佛山树王”，它记载着一个家族从南雄珠玑巷南迁至佛山的往事。这棵古树“隐居”在顺德区乐从镇国土城建和水利局的一个不起眼的角落里面，其下方有座坟，旁边摆放着财神和观音菩萨像。墓碑刻有：“祖于南宋理宗宝庆元年（即1225年），因国事由祖籍南雄沙保昌县珠玑巷，乘桴南下，广城桂圃乡落籍，终仙逝葬于此，地名桂圃西高良塱，由明景泰三年割籍，成立顺德县”。因墓碑上记载着刘氏八世人姓名，也因此当地居民称之为“刘家树”。相传是顺德乐从腾冲村刘姓人的先祖，每年“清明”都会有后人来祭拜。

九里香

古树编号：44060401203800184，原挂牌号：05010259

Murraya paniculata (L.) Jacks.

为九里香属芸香科常绿小乔木。位于祖庙街道办事处恩光社区居委会祖庙内龟池内。估测树龄511年，古树等级为一级。树高3.2米，地围70厘米，平均冠幅4米。

古树相关历史或典故：祖庙相传建于北宋元丰年间，与肇庆悦城龙母庙、广州陈家祠合称为岭南古建筑三大瑰宝，现为国家级重点文物保护单位。根据清乾隆《佛山忠义乡志》卷之三・乡事志中记载，“锦香池灵应祠前方沼也，明正德时，霍时贵等所鉴周遭，甃以石整而固，上为石栏，加以雕镂复琢巨石为龟蛇置沼中，开石渠引古洛之水以入源甚长，左右筑小平阜种树垂荫，甚有致”。此株九里香其中之一。500多年来，它们在人们的供奉下健壮生长。

九里香

古树编号：44060401203800183，原挂牌号：05010260

Murraya paniculata (L.) Jacks.

为九里香属芸香科常绿小乔木，位于祖庙街道办事处恩光社区居委会祖庙内龟池内。估测树龄511年，古树等级为一级，树高3.2米，地围90厘米，平均冠幅4米。

古树相关历史或典故：与前一株九里香古树历史相同。

米仔兰

古树编号：44060710400200371，原挂牌号：GSS00355

Aglaia odorata Lour.

楝科米仔兰属常绿灌木至小乔木。位于三水区白坭镇富景社区居民委员会陈氏大宗祠内。估测树龄 115 年，古树等级三级，树高 5.6 米，地围 76 厘米，平均冠幅 8.65 米。

古树相关历史或典故：古树所在地陈氏大宗祠，始建于明正德 6 年（1511 年），至今已有 600 余年历史，历经 6 次重修得以幸存下来。同时保留下来的还有“忠孝礼仪”的家风以及关于祠堂的传奇历史。米仔兰古树经历百年兴衰仍枝繁叶茂，花开时飘香阵阵，社区在树旁修建了石桌椅，供村民们在闲暇时在树荫下聊天纳凉。

红椿

古树编号：44060710620000593，原挂牌号：GSS00402

Toona ciliata Roem.

楝科香椿属落叶乔木。位于三水区南山镇六和村民委员会南丹山风景区内。估测树龄120年，古树等级为三级，树高11.5米，胸围200厘米，平均冠幅6.5米。

古树相关历史或典故：红椿是国家二级保护植物，也是珍贵的用材树种，南丹山有佛山全市唯一记录在册的红椿古树群，此为其中一株。

红椿

古树编号：44060710620000591，原挂牌号：GSS00403

Toona ciliata Roem.

楝科香椿属落叶乔木。位于三水区南山镇六和村民委员会南丹山风景区内。估测树龄 120 年，古树等级三级，树高 11.5 米，胸围 200 厘米，平均冠幅 6.5 米。

古树相关历史或典故：与前一株红椿古树历史相同。

红椿

古树编号：44060710620000592，原挂牌号：GSS00404

Toona ciliata Roem.

楝科香椿属落叶乔木。位于三水区南山镇六和村民委员会南丹山风景区内。估测树龄 120 年，古树等级三级，树高 12 米，胸围 252 厘米，平均冠幅 8.5 米。

古树相关历史或典故：与前一株红椿古树历史相同。

龙眼

古树编号：44060401203400188，原挂牌号：无

Dimocarpus longan Lour.

为无患子科龙眼属常绿乔木。位于禅城区祖庙街道办事处兰桂社区居委会岭南新天地龙塘诗社。估测树龄120年，古树等级三级，树高12米，胸围150厘米，平均冠幅6.5米。

古树相关历史或典故：此株龙眼树生长在祖庙街道办事处兰桂社区居委会岭南新天地龙塘诗社。在岭南新天地，有一处格外清雅幽静的庭院，这就是龙塘诗社民国初期的社址。清末民初时期，龙塘诗社是当时文人活动的聚集地。现在这个社址是一个仿西洋式院落，环境幽雅，古树婆娑。楼前的广场两边，岁月把广场石碑上很多文字磨蚀了，但还留下一个石板的“舞台”，台上的人和缓吟唱，台下的人静静聆听，此株古龙眼仿佛静静地聆听者，倾听着龙塘诗社一直以来发生的故事。龙塘诗社院子内的四个角落分别种植了四株龙眼古树，至今仍能正常开花结实。

龙眼

古树编号：44060401203400187，原挂牌号：无

Dimocarpus longan Lour.

为无患子科龙眼属常绿乔木。位于禅城区祖庙街道办事处兰桂社区居委会岭南新天地龙塘诗社。估测树龄120年，古树等级三级，树高11米，胸围220厘米，平均冠幅9.5米。

古树相关历史或典故：与前一株龙眼古树历史相同。

龙眼

古树编号：44060401203400186，原挂牌号：无

Dimocarpus longan Lour.

为无患子科龙眼属常绿乔木。位于禅城区祖庙街道办事处兰桂社区居委会岭南新天地龙塘诗社。估测树龄120年，古树等级三级，树高9米，胸围150厘米，平均冠幅7.5米。

古树相关历史或典故：与前一株龙眼古树历史相同。

龙眼

古树编号：44060401203400100，原挂牌号：无

Dimocarpus longan Lour.

为无患子科龙眼属常绿乔木。位于禅城区祖庙街道办事处兰桂社区居委会岭南新天地龙塘诗社。估测树龄 120 年，古树等级三级，树高 12 米，胸围 240 厘米，平均冠幅 5.5 米。

古树相关历史或典故：与前一株龙眼古树历史相同。

龙眼

古树编号：44060410021400084，原挂牌号：05010061

Dimocarpus longan Lour.

为无患子科龙眼属常绿乔木。位于禅城区南庄镇梧村村民委员会梧村六三队和福里 2 号侧。估测树龄 100 年，古树等级三级，树高 12 米，胸围 235 厘米，平均冠幅 8.85 米。

古树相关历史或典故：这株龙眼是由村中一位老人在民国初期栽植仍可正常开花结果。树下砌有树池。这株古树为它旁边的单车修理铺提供了荫凉庇护。

龙眼

古树编号：44060512422900094，原挂牌号：05020113

Dimocarpus longan Lour.

为无患子科龙眼属常绿乔木。位于南海区狮山镇官窑黎岗村委会黎南市头。估测树龄155年，古树等级三级，树高9.6米，胸围278厘米，平均冠幅16.2米。这株古树位于黎岗村入村牌坊和黄氏宗祠附近，村民为它砌了树池，使其受到良好保护。

龙眼

古树编号：44060512420200000，原挂牌号：05050079

Dimocarpus longan Lour.

为无患子科龙眼属常绿乔木。位于南海区狮山镇黄洞村委会黄洞四队村中内街。估测树龄123年，古树等级三级，树高7.8米，胸围173厘米，平均冠幅8.85米。

古树相关历史或典故：黄洞村开村于南宋时期，古时四面环山。这是曾经是珠江纵队独立第三大队的驻扎地，村里的黄氏宗祠内曾开办夜校，发动群众奋起抗日，并创建了南三边境抗日游击根据地。这株龙眼树现仍能正常开花结实，为村民提供甘甜可口的龙眼果。

龙眼

古树编号：44060600500400010，原挂牌号：1−120

Dimocarpus longan Lour.

为无患子科龙眼属常绿乔木。位于顺德区大良街道办事处中区社区居委会清晖园内。估测树龄 225 年，古树等级三级，树高 7 米，胸围 360 厘米，平均冠幅 10.5 米。

古树相关历史或典故：清晖园的碧溪草堂之侧，这株老迈而苍劲的龙眼，据说是当年的龙家主人亲手种下的，至今已有 200 多年了，是清晖园中最老的一棵古树。每片复叶有 12 片小叶，至今仍每隔一年就会开花结果一次。为保护它，清晖园专门制作了坚固的铁架承受它主干的重量。

龙眼

古树编号：44060600500400005，原挂牌号：1-116

Dimocarpus longan Lour.

为无患子科龙眼属常绿乔木。位于顺德区大良街道办事处中区社区居委会清晖园内。估测树龄 215 年，古树等级三级，树高 8 米，胸围 130 厘米，平均冠幅 9 米。

古树相关历史或典故：该古树位于清晖园，树下砌有石池，摆有景石，并用黑色栏杆将其围起保护。

龙眼

古树编号：44060600500400000，原挂牌号：1-114

Dimocarpus longan Lour.

为无患子科龙眼属常绿乔木。位于顺德区大良街道办事处中区社区居委会清晖园内。估测树龄 175 年，古树等级三级，树高 9 米，胸围 280 厘米，平均冠幅 8 米。

古树相关历史或典故：该树位于清晖园。树下砌有六边形的青砖树池，树后有假山和六角亭。

龙眼

古树编号：44060600420300145，原挂牌号：2-111

Dimocarpus longan Lour.

为无患子科龙眼属常绿乔木。位于顺德区勒流街道勒北村委会漕三村围外埗头边围外四街43号河涌边。估测树龄205年，古树等级三级，树高8米，胸围250厘米，平均冠幅4.5米。

古树相关历史或典故：据村民说，这是勒北村年龄最老的龙眼树，以前这株龙眼树冠幅很大，沿甘竹溪水道远远便可看见，但历经沧桑后，现在树冠已变小许多。

龙眼

古树编号：44060610521200128，原挂牌号：3-074

Dimocarpus longan Lour.

为无患子科龙眼属常绿乔木。位于顺德区杏坛镇逢简村委会杏坛镇逢简明远桥西侧。估测树龄 105 年，古树等级三级，树高 10 米，胸围 170 厘米，平均冠幅 12.5 米。

古树相关历史或典故：逢简四面环水，古风犹存，是典型的小桥流水人家，有“顺德周庄”美称。自西汉起就有人在此生息，后来发展成一方集市，到了唐朝就已成村。沿河岸每家每户都种植着几株繁茂的龙眼树，故此百年以上的龙眼古树甚多。成熟时村民会将龙眼果实摘下作为手信卖给游客。这些龙眼古树下还安装有石凳供游客休息，建有雕塑用于欣赏。

龙眼

古树编号：44060610521200137，原挂牌号：3-071

Dimocarpus longan Lour.

为无患子科龙眼属常绿乔木。位于顺德区杏坛镇逢简村委会杏坛镇逢简见龙大地坊。估测树龄 105 年，古树等级三级，树高 11 米，胸围 200 厘米，平均冠幅 11 米。

古树相关历史或典故：与前一株龙眼古树历史相同。

龙眼

古树编号：44060610221500016，原挂牌号：3-247

Dimocarpus longan Lour.

为无患子科龙眼属常绿乔木。位于顺德区北滘镇桃村村委会桃村曹地北街6号附近。估测树龄205年，古树等级三级，树高6米，胸围230厘米，平均冠幅7米。

古树相关历史或典故：桃村开村已有800多年，现保存有顺德较大的祠堂古建筑群。曾经的桃村是一个堆积而成的小岛，四面环海。20世纪50年代，因大炼钢铁，桃村的不少古树都被砍掉当柴烧，唯独樟树、龙眼和桥头的榕树得以幸存。该树位于河涌边，树干有较多的疙瘩状隆起，显出它的沧桑。村民用铁栏杆围住，对它进行保护。

龙眼

古树编号：44060610221500017，原挂牌号：3-248

Dimocarpus longan Lour.

为无患子科龙眼属常绿乔木。位于顺德区北滘镇桃村村委会桃村曹地北街6号附近。估测树龄115年，古树等级三级，树高10米，胸围190厘米，平均冠幅13米。

古树相关历史或典故：与前一株龙眼古树历史相同。

龙眼

古树编号：44060610221500015，原挂牌号：3-254

Dimocarpus longan Lour.

为无患子科龙眼属常绿乔木。位于顺德区北滘镇桃村村委会桃村唐君一巷 1 号边。估测树龄 115 年，古树等级三级，树高 8 米，胸围 200 厘米，平均冠幅 14.5 米。

古树相关历史或典故：与前一株龙眼古树历史相同。

龙眼

古树编号：44060610400100072，原挂牌号：2-222

Dimocarpus longan Lour.

为无患子科龙眼属常绿乔木。位于顺德区龙江镇龙江社区居委会攀门坊大街37号对面。估测树龄185年，古树等级三级，树高8米，胸围230厘米，平均冠幅12.5米。

古树相关历史或典故：攀门坊大街中龙眼古树甚多，这株龙眼古树是其中年龄最大的一株，每株龙眼古树都砌有石池，获得良好的保护。

龙眼

古树编号：44060710120200226，原挂牌号：无

Dimocarpus longan Lour.

为无患子科龙眼属常绿乔木。位于大塘镇莘田村民委员会退休人民活动中心旁。估测树龄 130 年，古树等级三级，树高 9.5 米，胸围 220 厘米，平均冠幅 13.8 米。

古树相关历史或典故：该树位于篮球场边和退休人民活动中心旁，建有树池，为村民提供绿荫和甘甜的龙眼果实。

龙眼

古树编号：44060710122200257，原挂牌号：GSS00754

Dimocarpus longan Lour.

为无患子科龙眼属常绿乔木。位于大塘镇大塘村村民委员会大塘村委会星光老年之家。估测树龄120年，古树等级三级，树高9.3米，胸围260厘米，平均冠幅12.65厘米。

古树相关历史或典故：古树群位于星光老年之家内，对其给予了较好的保护。树下有运动健身器材，供人们休闲健身，而生长良好的古树群也为老人们颐养天年提供了良好的环境。

龙眼

古树编号：44060710400200346，原挂牌号：GSS00360

Dimocarpus longan Lour.

为无患子科龙眼属常绿乔木。位于三水区白坭镇富景社区居民委员会沙围村 126 号旁。估测树龄 120 年，古树等级三级，树高 11.8 米，胸围 295 厘米，平均冠幅 11.4 米。

古树相关历史或典故：这棵龙眼树树形高大，位于李大爷家的房屋旁。当地村民称，每逢龙眼成熟的季节都会来采摘和食用它结出的甜美龙眼果实。据村里的李大爷讲述：此树是祖辈种植下来，历经有 5 代人，至今生长茂盛。

龙眼

古树编号：44060710400200352，原挂牌号：GSS00365

Dimocarpus longan Lour.

为无患子科龙眼属常绿乔木。位于三水区白坭镇富景社区居民委员会西岸村路旁。估测树龄100年，古树等级三级，树高10.8米，胸围160厘米，平均冠幅8.9米。

古树相关历史或典故：村中树龄在百年以上古树甚多。这棵龙眼树形高大，树冠浓郁，位于河流旁的村级公园内，镇府在树旁修建了石桌椅供人们聊天休憩，与树相处友好。据村中一位80多岁的李姓大爷说，他母亲曾说过小时候看到这棵树还是一株小树，他的母亲若还在世应有108岁，因此经专业人员推测此树的树龄约是100年。

荔枝

古树编号：44060800421200039，原挂牌号：05040045

Litchi chinensis Sonn.

为无患子科荔枝属常绿乔木。位于高明区荷城街道办事处泰和村委会良江村 16 号对开。估测树龄 130 年，古树等级三级，树高 10 米，胸围 220 厘米，平均冠幅 13 米。

古树相关历史或典故：在近年的台风中，这株荔枝古树旁的杧果古树和龙眼古树相继被风雨吹倒，唯这株荔枝安然无恙。

荔枝

古树编号：44060810821500232，原挂牌号：无

Litchi chinensis Sonn.

为无患子科荔枝属常绿乔木。位于高明区更合镇巨泉村委会田村。估测树龄 115 年，古树等级三级，树高 9 米，胸围 250 厘米，平均冠幅 15 米。

古树相关历史或典故：是全市冠幅最大的荔枝古树，仍能正常开花结实。

荔枝

古树编号：44060710120200225，原挂牌号：GSS00725

Litchi chinensis Sonn.

为无患子科荔枝属常绿乔木。位于大塘镇莘田村民委员会莘田卫生站旁的荔枝古树林内。估测树龄 120 年，古树等级三级，树高 10 米，胸围 240 厘米，平均冠幅 11.85 米。

古树相关历史或典故：莘田村因建村于草布滩而得名，村内人才辈出。清同治七年（1868 年），李仪清高中进士，为该村第一位进士，宗亲们在祠堂前修筑旗杆石，竖起大旗，光宗耀祖。此后，该村有 8 位族人考取功名，其中李焕尧考取了殿试二甲，并钦点入翰林院为庶吉士，该村现存 10 块代表功名的旗杆石。该村现存的一片荔枝林古树，为村民提供荫凉庇护与甘甜的果实。

荔枝

古树编号：44060710120200220，原挂牌号：GSS00720

Litchi chinensis Sonn.

为无患子科荔枝属常绿乔木。位于大塘镇莘田村民委员会莘田卫生站旁的荔枝古树林内。估测树龄 120 年，古树等级三级，树高 7 米，胸围 270 厘米，平均冠幅 7.3 米。

古树相关历史或典故：与前一株荔枝古树历史相同。

荔枝

古树编号：44060710122200254，原挂牌号：GSS00748

Litchi chinensis Sonn.

为无患子科荔枝属常绿乔木。位于三水区大塘镇大塘村村民委员会大塘村委会星光老年之家院内。估测树龄 120 年，古树等级三级，树高 8.2 米，胸围 160 厘米，平均冠幅 8.8 米。

古树相关历史或典故：古树群位于星光老年之家内，使之获得了较好的保护。树下有运动健身器材，供人们休闲健身，而生长良好的古树群也为老人们颐养天年提供了良好的环境。

荔枝

古树编号：44060710122200253，原挂牌号：GSS00749

Litchi chinensis Sonn.

为无患子科荔枝属常绿乔木。位于三水区大塘镇大塘村村民委员会大塘村委会星光老年之家院内。估测树龄 120 年，古树等级三级，树高 9.4 米，胸围 200 厘米，平均冠幅 11.2 米。

古树相关历史或典故：与前一株荔枝古树历史相同。

荔枝

古树编号：44060710122200258，原挂牌号：GSS00752

Litchi chinensis Sonn.

为无患子科荔枝属常绿乔木。位于三水区大塘镇大塘村村民委员会大塘村委会星光老年之家院内。估测树龄 120 年，古树等级三级，树高 6.2 米，胸围 162 厘米，平均冠幅 7.8 米。

古树相关历史或典故：与前一株荔枝古树历史相同。

人面子

古树编号：44060710122300267，原挂牌号：GSS00396

Dracontomelon duperreanum

为漆树科杧果属常绿乔木。位于三水区大塘镇六一村民委员会梅花村三巷5号旁。估测树龄120年，古树等级三级，树高22米，胸围650厘米，平均冠幅22.4米。

古树相关历史或典故：梅花村至今已经有500多年的历史了，祖先是从贵州一带搬迁而来的，遍因村内曾遍种果梅树而得名。村内有全佛山市规模最大的人面子古树群，蔚为壮观。此为其一入册的人面子古树。

人面子

古树编号：44060710122300265，原挂牌号：GSS00397

Dracontomelon duperreanum

为漆树科杧果属常绿乔木。位于三水区大塘镇六一村民委员会梅花村三巷5号旁。估测树龄120年，古树等级三级，树高22.4米，胸围320厘米，平均冠幅18.05米。

古树相关历史或典故：与前一株人面子古树历史相同。

人面子

古树编号：44060710122300268，原挂牌号：GSS00401

Dracontomelon duperreanum

为漆树科杧果属常绿乔木。位于三水区大塘镇六一村民委员会梅花村三巷5号旁。估测树龄120年，古树等级三级，树高19.3米，胸围235厘米，平均冠幅17.85米。

古树相关历史或典故：与前一株人面子古树历史相同。

杧果

古树编号：44060401201300175，原挂牌号：05010267

Mangifera indica L.

为漆树科杧果属常绿乔木。位于禅城区祖庙街道办事处培德社区居委会梁园内。估测树龄 170 年，古树等级三级，树高 14 米，胸围 289 厘米，平均冠幅 20 米。

古树相关历史或典故：此树生长地为梁园。

杧果

古树编号：44060401203400192，原挂牌号：无

Mangifera indica L.

为漆树科杧果属常绿乔木。位于禅城兰桂社区居委会岭南新天地简氏别墅院子的主楼前。估测树龄 100 年，古树等级为三级，树高 12 米，胸围 170 厘米，冠幅平均 8.5 米。

古树相关历史或典故：此树生长地为简氏别墅。

杧果

古树编号：440604012034000191，原挂牌号：无

Mangifera indica L.

为漆树科杧果属常绿乔木。位于禅城兰桂社区居委会岭南新天地简氏别墅院子的主楼前。估测树龄100年，古树保护等级为三级，树高13米，胸围210厘米，平均冠幅13米。

古树相关历史或典故：与前一株杧果古树历史相同。

杧果

名木编号：44060401205600315，原挂牌号：无

Mangifera indica L.

为漆树科杧果属常绿乔木。位于禅城区祖庙街道办事处旭日社区居委会佛山市人民政府迎宾馆。名木类别为纪念树，栽植人为20世纪60年代佛山市地委工作人员，栽植时间为20世纪60年代，树高17米，胸围310厘米，平均冠幅17.5米。

名木相关历史或典故：这株杧果是佛山唯一入册的名木。20世纪60年代，毛主席到佛山地委调研农业生产，赠与当时佛山地委杧果若干，为感激和珍存主席关爱，工作人员将杧果核植于此处留以纪念。多年来，相关工作人员对此树悉心栽培，成树后，此树品种独特，与“四旁”的杧果相比，更为枝叶茂盛，果实甘甜，燕雀常栖，四季均生机盎然。这株杧果树于2018年被台风“山竹”吹倒，佛山市人民政府对其进行了抢救。

杧果

古树编号：44060610120800000，原挂牌号：35

Mangifera indica L.

为漆树科杧果属常绿乔木。位于顺德区陈村镇石洲村委会太平街路 1 号旁。估测树龄 500 年，古树等级一级，树高 10 米，胸围 310 厘米，平均冠幅 16.5 米。

古树相关历史或典故：石洲村因远望村内大雾岗犹如一只石舟，而当地古时又是海滩沙洲，故得名。石洲村历史悠久，现存罗亨参政云公祠和文海松庄仇公祠两座建于清代的百年古建筑以及众多古树。这株是全市年龄最大的杧果树，树基部有众多包状隆起，显出其历经沧桑。树荫浓密，村民喜在树下的树池和石凳纳凉、聊天。

杧果

古树编号：44060600421300113，原挂牌号：1-165

Mangifera indica L.

为漆树科杧果属常绿乔木。位于顺德区勒流街道办事处南水村委会南水三组南区。估测树龄205年，古树等级三级，树高18米，胸围380厘米，平均冠幅24米。

古树相关历史或典故：两株杧果树并排生长，就像兄弟一样，每年五六月枝头便挂满了果实，当地村小组将这些果实通过投标形式卖给村民。这株是两株之一。

杧果

古树编号：44060600421300114，原挂牌号：1-166

Mangifera indica L.

为漆树科杧果属常绿乔木。位于顺德区勒流街道办事处南水村委会南水三组南区。估测树龄205年，古树等级三级，树高18米，胸围280厘米，平均冠幅22.5米。

古树相关历史或典故：与前一株杧果古树历史相同。

杧果

古树编号：44060600300100007，原挂牌号：502

Mangifera indica L.

为漆树科杧果属常绿乔木。位于顺德区伦教街道办事处常教社区居委会鸣石花园内。估测树龄 105 年，古树等级三级，树高 18 米，胸围 300 厘米，平均冠幅 20 米。

古树相关历史或典故：杧果古树位于鸣石花园的外宅当中。古树曾被台风刮倒，为保护古树，对其进行了截干处理。

杧果

古树编号：44060600500400006，原挂牌号：1-117

Mangifera indica L.

为漆树科杧果属常绿乔木。位于顺德区大良街道办事处中区社区居委会清晖园内。估测树龄105年，古树等级三级，树高15米，胸围320厘米，平均冠幅16米。

古树相关历史或典故：这株杧果位于清晖园内。虽已百年，但生长旺盛、参天入云，盛夏时节硕果累累。著名文学家郭沫若在游历清晖园后题下“蔷薇馥郁红逾火，芒果茏葱碧入天”的诗句。

杧果

古树编号：44060800420400044，原挂牌号：05040020

Mangifera indica L.

为漆树科杧果属常绿乔木。位于高明区荷城街道办事处仙村村委会东坑村新二巷139号。估测树龄200年，古树等级三级，树高10米，胸围314厘米，平均冠幅11米。

古树相关历史或典故：据村中的百岁老人介绍，自她幼年记事起，这株杧果的树干便有现在的这般大小，树冠幅还更大。古树一直以来能开花结果，惠及后人。古树所在地仙村坐落于圣塘岗，岗形似仙人仰睡，两旁有小土丘如日月相扶，人们传为神仙降临，故称仙村。圣塘岗上曾建有白马寺。东汉永平十一年，迦叶摩腾和尚由西域用白马驮经至此，初停在鸿胪寺，后在此建“白马寺”(1957年拆毁)。有联曰：“灵钟响震千门接，宝剑挥腾万户开”“飞渡三千法界，来朝四百名凤”。现尚存“飞来寺”石碑1块，但举人张其典所写“飞来寺”千字碑文石刻已毁。

杧果

古树编号：440608004023000026，原挂牌号：05040010

Mangifera indica L.

为漆树科杧果属常绿乔木。位于高明区荷城街道办事处江湾社区居委会龙湾村422号。估测树龄113年，古树等级三级，树高14米，胸围408厘米，平均冠幅10米。

古树相关历史或典故：该杧果古树位于龙湾村一户人家的院落内，离它不远处有一株百年以上的国家二级保护植物——格木古树。

杧果

古树编号：44060800420300050，原挂牌号：05040036

Mangifera indica L.

为漆树科杧果属常绿乔木。位于高明区荷城街道办事处孔堂村委会下良村 145 号。估测树龄 110 年，古树等级三级，树高 10 米，胸围 251 厘米，平均冠幅 8 米。

人心果

古树编号：44060401203400185，原挂牌号：05010272

Manilkara zapota (Linn.) van Royen

为山榄科铁线子属常绿乔木，该古树位于禅城区祖庙街道办事处兰桂社区居委会岭南新天地大树吧门口，估测树龄 101 年，古树等级为三级，树高 12 米，胸围 180 厘米，平均冠幅 6 米。

古树相关历史或典故：此株人心果树生长在祖庙街道办事处兰桂社区居委会岭南新天地大树吧门口，无确切的历史记载。根据普查人员现场测量及走访当地村民，参考胸围生长模型法，估测该株古树有百年的树龄。至今仍能正常开花结实。

桂花

古树编号：44060401203400190，原挂牌号：无

Osmanthus fragrans (Thunb.) Lour.

为木犀科木犀属常绿小乔木。位于禅城区祖庙街道办事处兰桂社区居委会岭南新天地龙塘诗社，估测树龄：100年，古树等级为三级，树高4米，地围150厘米，平均冠幅3.5米。

古树相关历史或典故：这株桂花古树静静地矗立在龙塘诗社一个不起眼的角落内，如果不认真观察，难以发现它就是一株百年的古树。

桂花

古树编号：44060610521200159，原挂牌号：0

Osmanthus fragrans (Thunb.) Lour.

为木犀科木犀属常绿小乔木。位于顺德区杏坛镇逢简村委会逢简谷埠三巷。估测树龄 130 年，古树等级三级，树高 8 米，地围 120 厘米，平均冠幅 9 米。

古树相关历史或典故: 据说位于逢简的这株“御赐金桂”源于清朝同治年间，逢简人李昌明为官 30 年想告老还乡，便上京述职，恰好有台湾进贡金桂树进京，光绪皇帝念李昌明工作出色，赏赐了一棵金桂树给他。李昌明便把金桂树种在逢简老家天井，还乡后李昌明当上了乡长。日军侵华时期，李家家道中落，原有屋子被拆，这棵金桂树流落在田野荒草中。后有人知道这棵金桂树的来历，就挖了出来以 15 两白银卖给勒流一个姓梁的富商。再后来金桂树又被转卖回逢简。如今的“御赐金桂”，长在寻常人家门口，烟火中有贵气，华贵中又有平和，恰似见过大风大浪又复归于平静的逢简古村。

鸡蛋花

古树编号：44060610521200100，原挂牌号：3-067

Plumeria rubra L. 'Acutifolia'

为夹竹桃科鸡蛋花属落叶小乔木。位于顺德区杏坛镇逢简村委会刘氏大宗祠内。估测树龄105年，古树等级三级，树高11米，胸围220厘米，平均冠幅10.5米。

古树相关历史或典故：古树所在地刘氏大宗祠，建于明永乐十三年，2008年11月被列为广东省第五批文物保护单位。宗祠内的两株鸡蛋花古树对植，盛夏季节，常有村民用这两株古树的花朵煲糖水或凉茶。此株为之一。

鸡蛋花

古树编号：44060610521200133，原挂牌号：3-068

Plumeria rubra L. 'Acutifolia'

为夹竹桃科鸡蛋花属落叶小乔木。位于顺德区杏坛镇逢简村委会刘氏大宗祠内。估测树龄105年，古树等级三级，树高10米，胸围180厘米，平均冠幅10.5米。

古树相关历史或典故：与前一株鸡蛋花古树历史相同。

倒吊笔

古树编号：44060600500500038，原挂牌号：无

Wrightia pubescens R. Br.

为夹竹桃科倒吊笔属常绿小乔木。位于顺德区大良街道办事处北区社区居委会锦岩公园内锦岩庙旁。估测树龄175年，古树等级三级，树高9米，胸围130厘米，平均冠幅8.5米。

古树相关历史或典故：该古树是佛山市唯一记录在册的倒吊笔古树，位于锦岩公园的山脚。树下砌有树池，花果奇特，均可观赏。倒吊笔以根、根皮和叶入药。根可祛风利湿，化痰散结。用于颈淋巴结结核，风湿关节炎，腰腿痛，慢性支气管炎，黄疸型肝炎，肝硬化腹水，白带。叶可祛风解表，用于感冒发热。

山牡荆

古树编号：44060810821000208，原挂牌号：无

Vitex quinata (Lour.) Will.

为马鞭草科牡荆属常绿小乔木。位于高明区更合镇布练村委会黄象村 71 号房屋后面。估测树龄 105 年，古树等级三级，树高 13 米，胸围 178 厘米，平均冠幅 14 米。

古树相关历史或典故：黄象村曾名旺象村，村后山坵形如大象，取在此定居百事兴旺之意。山牡荆的根茎、枝叶均可入药，味淡性平，具有一定的药用价值。这株是目前佛山市唯一记录在册的山牡荆古树。

索引

S

T

X

Y

Z